2.-4. Schuljahr

Gabriela Rosenwald

Lernwerkstatt

Die Entwicklung des Menschen

Vom Urmenschen zum modernen Menschen

Lernen mit Erfolg

KOHL VERLAG

Der Verlag mit dem Baum

www.kohlverlag.de

Lernwerkstatt „Die Entwicklung des Menschen"

Vom Urmenschen bis zum modernen Menschen

1. Auflage 2015

Inhalt: Gabriela Rosenwald
Coverbild: © adam121 & Xavier - fotolia.com
Redaktion, Grafik & Satz: Kohl-Verlag
Druck: Medienzentrum Süd, Köln

Bestell-Nr. 11 633

ISBN: 978-3-95686-607-4

Inhalt

Lernwerkstatt „Die Entwicklung des Menschen“ – Bestell-Nr. 11 633
KOHL VERLAG Der Verlag mit dem Baum

Vorwort

Liebe Kolleginnen und Kollegen,

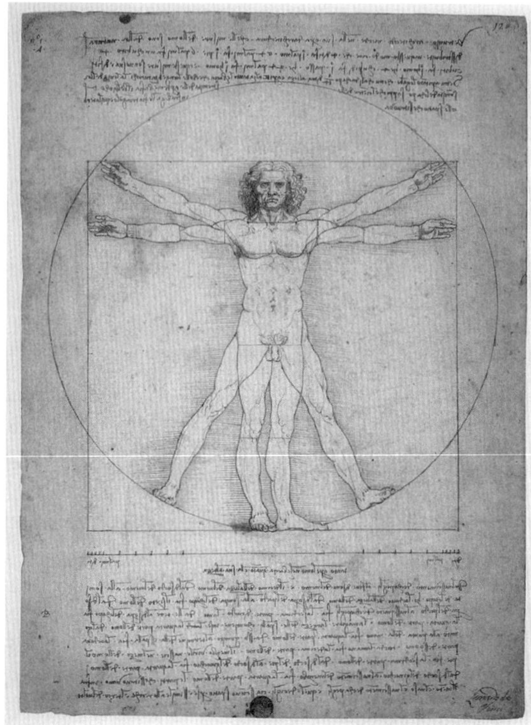

wie kam es zur Entwicklung des ersten Lebens? Wie entwickelte sich dieses erste Leben weiter, bis zu unserer Existenz heute?

Viele Fragen, die interessante Antworten erwarten lassen. Stammen die Menschen vom Affen ab? Wann gaben sie ihr Nomadendasein auf? Wie kam es dazu? Welche positiven und negativen Entwicklungen führten zu unserem Leben heute?

Archäologen und Anthropologen haben vieles entdeckt und erforscht, was sich vor Millionen Jahren ereignet hat.

Auch unsere Kinder (Schüler) möchten gerne etwas über unsere Vorfahren wissen. So gibt es in diesem Heft Kopiervorlagen in verschiedenen Schwierigkeitsgraden, die Sie, dem Lernstand ihrer Klasse entsprechend, einsetzen können. Dabei ist jedes Kapitel auch separat zu bearbeiten.

Diese Werkstatt eignet sich als Projektarbeit, für den Sach- und Geschichtsunterricht, als Freiarbeit und für Vertretungsstunden.

Viel Freude und Erfolg beim Einsatz der vorliegenden Kopiervorlagen wünschen Ihnen der Kohl-Verlag und

Gabriela Rosenwald

**Mit den Schülern bzw. Lehrern sind im ganzen Heft selbstverständlich auch die Schülerinnen und Lehrerinnen gemeint!*

Bedeutung der Symbole:

EA	**Einzelarbeit**
PA	**Partnerarbeit**
	Schreibe ins Heft/ in deinen Ordner
GA	**Arbeiten in kleinen Gruppen**
GA	**Arbeiten mit der ganzen Gruppe**

Arbeitspass

Name: ______________________________ Klasse: ____________

Seite	Thema	begonnen	erledigt

I. Die Schöpfungsgeschichte der Bibel

Die Schöpfungsgeschichte

1. Im Anfang schuf Gott Himmel und Erde; die Erde aber war wüst und wirr, Finsternis lag über dem Wasser. Gott sprach: Es werde Licht. Und es wurde Licht. Gott nannte das Licht Tag, und die Finsternis nannte er Nacht. Es wurde Abend, und es wurde Morgen.

2. Dann sprach Gott: Ein Gewölbe entstehe mitten im Wasser und scheide Wasser von Wasser. Gott nannte das Gewölbe Himmel.

3. Dann sprach Gott: Das Wasser unterhalb des Himmels sammle sich an einem Ort, damit das Trockene sichtbar werde. So geschah es. Das Trockene nannte Gott Land, und das Wasser nannte er Meer. Dann sprach Gott: Das Land lasse junges Grün wachsen, alle Arten von Pflanzen, die Samen tragen, und von Bäumen, die auf der Erde Früchte bringen.

4. Dann sprach Gott: Lichter sollen am Himmelsgewölbe sein, um Tag und Nacht zu scheiden. Gott machte die beiden großen Lichter, das größere, das über den Tag herrscht, das kleinere, das über die Nacht herrscht, auch die Sterne.

5. Dann sprach Gott: Das Wasser wimmle von lebendigen Wesen, und Vögel sollen über dem Land am Himmelsgewölbe dahinfliegen. Gott schuf alle Arten von großen Seetieren und anderen Lebewesen, von denen das Wasser wimmelt, und alle Arten von gefiederten Vögeln.

6. Dann sprach Gott: Das Land bringe alle Arten von lebendigen Wesen hervor, von Vieh, von Kriechtieren und von Tieren des Feldes. Dann sprach Gott: Lasst uns Menschen machen als unser Abbild, uns ähnlich. Gott schuf also den Menschen als sein Abbild. Als Mann und Frau schuf er sie. Gott segnete sie, und Gott sprach zu ihnen: Seid fruchtbar, und vermehrt euch, bevölkert die Erde, unterwerft sie euch, und herrscht über die Fische des Meeres, über die Vögel des Himmels und über alle Tiere, die sich auf dem Land regen.

7. Gott ruhte am siebten Tag, nachdem er sein ganzes Werk vollbracht hatte. Und Gott segnete den siebten Tag und erklärte ihn für heilig.

frei nach dem Alten Testament, Genesis 1,1 bis 2,4a

KOHL VERLAG Der Verlag mit dem Baum
Lernwerkstatt „Die Entwicklung des Menschen" – Bestell-Nr. 11 633

I. Die Schöpfungsgeschichte der Bibel

EA

Aufgabe 1: *Das ist die Entstehungsgeschichte von Himmel und Erde, als sie erschaffen wurden.*

- *Notiere, was an den Tagen geschaffen wurde.*
- *Schneide die Kärtchen aus und klebe sie zu den Tagen.*

1. Tag	
____________________ ____________________	

2. Tag	
____________________ ____________________	

3. Tag	
____________________ ____________________	

4. Tag	
____________________ ____________________	

5. Tag	
____________________ ____________________	

6. Tag	
____________________ ____________________	

7. Tag	
____________________ ____________________	

✂ ....

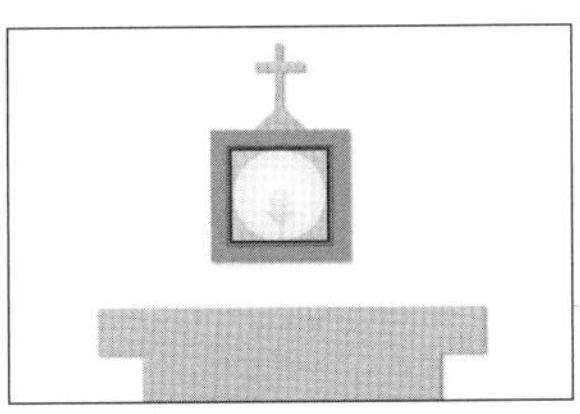

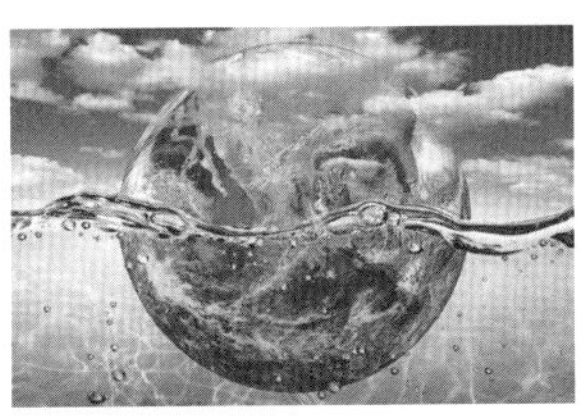

KOHL VERLAG Der Verlag mit dem Baum
Lernwerkstatt „Die Entwicklung des Menschen" – Bestell-Nr. 11 633

I. Die Schöpfungsgeschichte der Bibel

Zeittafel zur Entwicklung des Lebens auf der Erde

Mio Jahre	Ära	Periode		Entwicklung
2	Känozoikum	Quartär	Holozän / Pleistozän	Menschen
	Känozoikum	Neogen / Paleogen	(Tertiär)	Säugetiere Vögel Blütenpflanzen
65	Mesozoikum	Kreide		erste Blütenpflanzen, Flugechsen, Dinosaurier, Fischsaurier
145	Mesozoikum	Jura		erste Vögel Palmfarne Dinosaurier
200	Mesozoikum	Trias		erste Säugetiere und Dinosaurier Nadelbäume
250	Paläozoikum	Perm		Farne Säugetier ähnliche Repitlien
280	Paläozoikum	Karbon		erste Bäume erste Reptilien
360	Paläozoikum	Devon		Lurche, Insekten
410	Paläozoikum	Silur		erste Landpflanzen Stachelhäuter
435	Paläozoikum	Ordovizium		erste Fische erste Kopffüßler
500	Paläozoikum	Kambrium		erste Pflanzen und Tiere im Wasser
600	Präkambrium	Proterozoikum		Würmer
2500	Präkambrium	Archäikum		Algen
4000				

KOHL VERLAG
Lernwerkstatt „Die Entwicklung des Menschen" – Bestell-Nr. 11 633

I. Die Schöpfungsgeschichte der Bibel

Domino zur Entwicklung des Lebens auf der Erde

PA

Aufgabe 2:
- *Betrachtet zunächst die Tabelle auf Seite 8.*
- *Schneidet dann die Dominokarten sorgfältig aus.*
- *Legt das Domino in der richtigen Reihenfolge zusammen.*

I. Die Schöpfungsgeschichte der Bibel

Nach dem Urknall

Nach dem „Urknall“ entstand unser Planet. Das Gemisch von Gasen bildete sich erst nach langer Zeit zur Erde. Es dauerte Jahrmillionen, bis der Planet allmählich abkühlte. Er trieb lange Zeit als glühender Feuerball durchs Weltall. Als sich die Erde allmählich abgekühlt hatte, war sie von riesigen Wolkenschichten umgeben.

Starke Regenfälle ergossen sich in die Urmeere. In den Ozeanen bildeten sich aus kleinen organischen Molekülen (Teilchen) Verbindungen, aus denen schließlich lebende Organismen hervorgingen. Aus den ersten einfachen Lebensformen entwickelten sich viele Arte. In den ersten 3 Mrd. Jahren war das Leben jedoch ausschließlich an das Wasser gebunden.

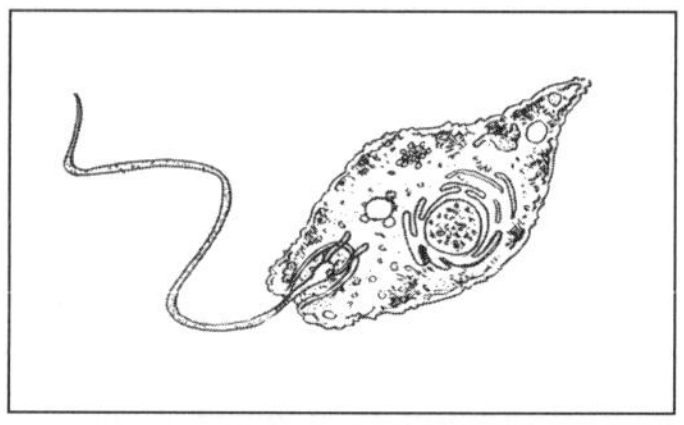

Vor etwa 4 Milliarden Jahren entwickelte sich das erste Leben auf der Welt. Es waren Wesen, die aus einer Zelle bestanden. Erst viel später entstanden die ersten Pflanzen und Wirbeltiere. Auch die frühen Vorfahren des Menschen stammen aus dem Tierreich. Es dauerte Millionen Jahre, bis sich der Mensch so entwickelt hat, wie er heute ist. Die Entwicklung und Veränderung eines Lebewesens über lange Zeit nennt man Evolution.

Nach dem Aussterben der Dinosaurier am Ende der Kreidezeit (vor 65 Millionen Jahren) begann die weitere Entwicklung der Säugetiere und Vögel. In diesem Zeitalter, dem Tertiär, liegt auch der Ursprung der heutigen Menschen. Die Säugetiere sind aus den Reptilien hervorgegangen. Zu ihnen gehören die eierlegenden Säugetiere, die Beuteltiere und die echten Säugetiere.

Der Mensch ist eng mit den Menschenaffen (Schimpansen, Gorillas und Orang-Utans) verwandt. Wir gehören zur Gattung Homo mit dem exakten Namen Homo sapiens sapiens.

EA **Aufgabe 3:** *Nenne zu den verschiedenen Säugetierarten je zwei Beispiele. Schreibe in dein Heft/in deinen Ordner.*

EA **Aufgabe 4:** *Zu welcher Art von Menschenaffen gehören diese drei hier?*

a) ____________ **b)** ____________ **c)** ____________

I. Die Schöpfungsgeschichte der Bibel

EA

Aufgabe 5: *Ordne die Kärtchen der Reihe nach. Nimm die Übersicht von Seite 8 zur Hilfe. Klebe sie auf ein Blatt und zeichne die Pflanzen und Tiere dazu, wie du sie dir vorstellst.*

A Vor 500 Millionen Jahren gab es die ersten Fische und Kopffüßer.	**B** Die ersten Urzeitmenschen lebten vor etwa zwei Millionen Jahren.
C Die ersten Pflanzenarten waren vermutlich Algen – sie entstanden vor etwa 600 Millionen Jahren.	**D** Die ersten Einzeller entwickelten sich im Archaikum vor etwa dreieinhalb Milliarden Jahren.
E Vor etwa 450 Millionen Jahren entwickelten sich die ersten Landpflanzen.	**F** Vor etwa 230 Millionen Jahren lebten die ersten Dinosaurier. Auch die ersten Säugetierformen entwickelten sich etwa zu dieser Zeit.
G Insekten gibt es auch schon seit etwa 410 Millionen Jahren.	**H** Erste Bäume wuchsen vor etwa 380 Millionen Jahren.
I Erst nach dem Aussterben der Dinosaurier vor ungefähr 65 Millionen Jahren entstanden größere Säugetiere.	**J** Vor etwa 100 Millionen Jahren gab es die ersten Blütenpflanzen.

I. Die Schöpfungsgeschichte der Bibel

Der Stammbaum des Menschen

(Ernst Haeckel 1874)

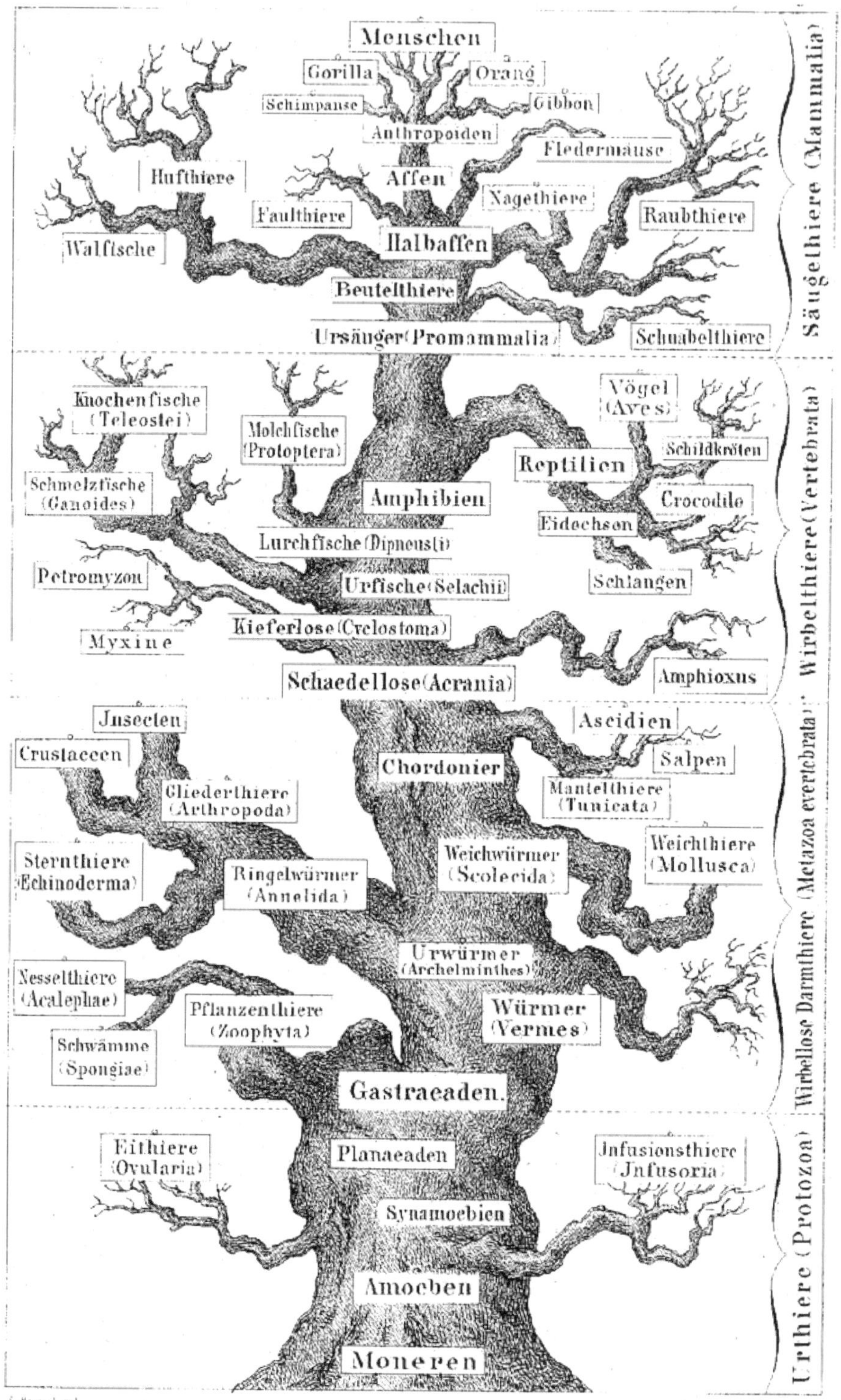

EA

Aufgabe 6: *Der Arzt und Zoologie Ernst Häckel gestaltete vor über 100 Jahren diesen Stammbaum des Menschen. Markiere die Lebewesen rot: Amöben, Würmer, Amphibien, Urfische, Vögel, Reptilien, Schnabeltiere, Beuteltiere, Affen, Knochenfische, Schimpansen, Gorilla, Orang Utan, Menschen.*

(Übrigens: Tiere wurde zur Zeit Häckels mit th (Thiere) geschrieben.)

Die Menschwerdung – Hominisation

Bei der Entwicklung eines Lebewesens (Evolution) über lange Zeit verändern sich die erblichen Eigenschaften nach und nach. Die Menschwerdung begann vor etwa sieben bis fünf Millionen Jahren. Bis heute haben sich die körperlichen Merkmale und die Fähigkeiten des Menschen fortgebildet. Die ersten Urmenschen lebten vor etwa zwei Millionen Jahren.

Was den Menschen von allen anderen Lebewesen unterscheidet, ist sein hoch entwickeltes Gehirn. Im Laufe der Zeit „erfanden“ die Urmenschen immer nützlichere Werkzeuge und begannen die Gaben der Natur zu nutzen. So entdeckten sie das Feuer und lernten damit umzugehen. Tiere fürchten das Feuer.

Die Menschen entwickelten eine Sprache, die sich von allen Lauten der Tiere deutlich unterscheidet. So können sie nicht nur einfache Botschaften übermitteln – wie zum Beispiel Lock- oder Warnrufe – sondern Gedanken und Gefühle ausdrücken. Der Vorgang der Menschwerdung von den Anfängen bis zum jetzigen Menschen wird als „Hominisation“ bezeichnet.

Hände

Im Vergleich mit den Menschenaffen haben die Hände des modernen Menschen eine kürzere Handfläche, kürzere Finger sowie längere, kräftigere und beweglichere Daumen. So können sie besser zugreifen und verschiedene Werkzeuge benutzen.

Gehirnentwicklung

Außer den Walen – besonders den Delfinen – gelten die Primaten (= Herrentiere = Menschenaffen und Menschen) als die Säugetiere mit den am besten entwickelten Gehirnen.

Weniger Haare

Die Menschen heute haben nur eine ganz schwache Körperbehaarung. Man weiß nicht, wann bei unseren Urahnen das Fell verloren ging. Dafür wächst unser Kopfhaar laufend nach. Das findet sich ebenfalls nicht bei den Menschenaffen.

Sprechvermögen

Tiere können bestimmte Laute von sich geben, aber eine gut ausgebildete Sprache findet sich nur bei den Menschen.

KOHL VERLAG Lernwerkstatt „Die Entwicklung des Menschen“ – Bestell-Nr. 11 633

I. Die Schöpfungsgeschichte der Bibel

Vergleich von Händen

EA

Aufgabe 7: *Hier siehst du die Hände von drei Menschenaffen und dem Menschen. Der Reihe nach sind es der Orang Utan, der Gorilla, der Schimpanse und der Mensch. Notiere die Namen unter den Bildern. Zeichne dann deine Hand auf und vergleiche! Welche Unterschiede findest du?*

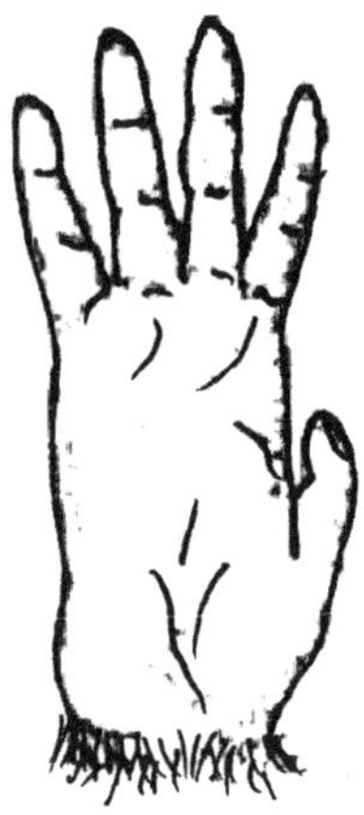

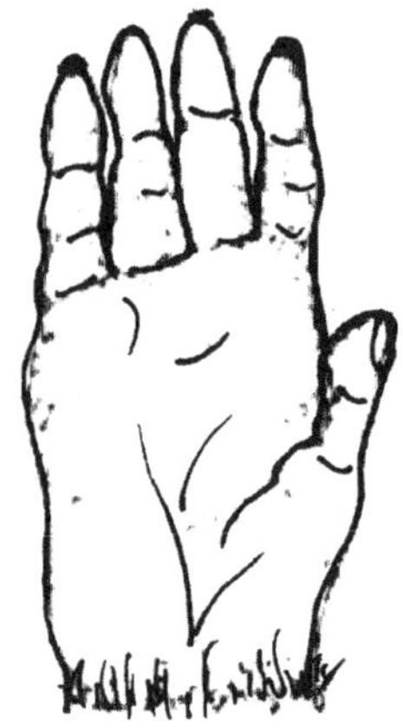
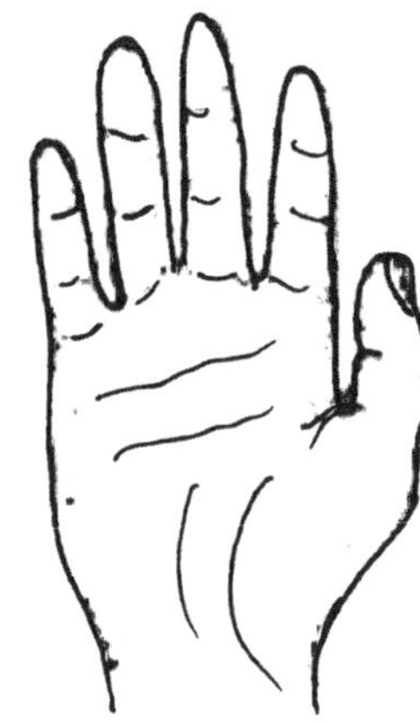

____________ ____________ ____________ ____________

Deine Hand:

Die Unterschiede:

Was können wir Menschen besser?

KOHL VERLAG Der Verlag mit dem Baum
Lernwerkstatt „Die Entwicklung des Menschen“ – Bestell-Nr. 11 633

I. Die Schöpfungsgeschichte der Bibel

Wie entstanden die verschiedenen Lebewesen?

Unser Erbmaterial, unsere Gene, sind in einem DNA-Molekül gespeichert. Es bestimmt z. B. unser Aussehen und Eigenschaften wie Gestalt und Hautfarbe, Anlagen für gewisse Fähigkeiten und viele weitere Merkmale.

Der „Grundbauplan" einer bestimmten Art ist gleich. Er wird an die nächste Generation (Kinder) weitergegeben.

Wie können sich Arten dann überhaupt verändern? Das ist durch so genannte „Mutationen" zu erklären. Dieser Begriff stammt aus dem Lateinischen und bedeutet „Wechsel" oder „Veränderung". Bestimmte Erbanlagen ändern sich also plötzlich.

Mutationen führen manchmal dazu, dass ein Lebewesen weniger gut oder überhaupt nicht mehr lebensfähig ist. Sie können sich aber auch positiv auswirken. Da eine Art bestens an ihren Lebensraum angepasst sein muss, setzen sich nützliche Merkmale durch. Mutationen sind Bedingungen dafür, dass ein Lebewesen sich seinem Lebensraum besser anpasst und „höhere" Entwicklungsstufen erreicht.

Die Evolution ist also die Entwicklung eines Lebewesens, bei der sich auch die erblichen Faktoren nach und nach verändern. Die „natürliche Auslese" bewirkt dabei, dass die „Schwächeren" mit nachteiligen Eigenschaften zurückgedrängt werden, während die „Stärkeren" sich weiter fortpflanzen und ihre Gene weitergeben.

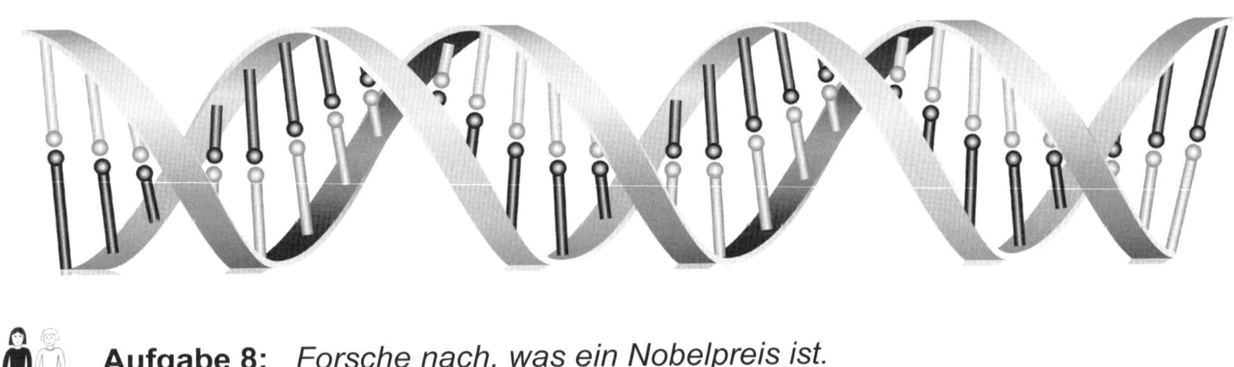

PA

Aufgabe 8: *Forsche nach, was ein Nobelpreis ist.*

Jedes Lebewesen, ob Mensch, Maus oder Grashalm, besteht aus Zellen. In jeder dieser Zellen befindet sich im Zellkern DNA (Desoxyribonucleic Acid, auf Deutsch DNS = Desoxyribonukleinsäure). Der Aufbau der DNA wurde 1953 von dem Amerikaner James Watson und dem Briten Francis Crick entschlüsselt. 1962 erhielten sie dafür den Nobelpreis für Medizin.

Lernwerkstatt „Die Entwicklung des Menschen" – Bestell-Nr. 11 633
KOHL VERLAG Der Verlag mit dem Baum

I. Die Schöpfungsgeschichte der Bibel

Evolutionstheorie von Charles Darwin

Der britische Naturforscher Charles Darwin (1809-1882) behauptete, dass sich die Erde erst im Laufe von vielen Millionen Jahren zu dem entwickelt hat, was sie ist und nicht von Gott in sechs Tagen geschaffen wurde. Er sagte weiter, dass alle Lebewesen der Erde einst gemeinsame Vorfahren hatten. Diese Meinung sorgte damals für Aufregung und Streit.

Die jeweils „stärkeren", „klügeren" beziehungsweise diejenigen, die besonders gut an ihren Lebensraum angepasst sind, überleben, haben viele Nachkommen und entwickeln sich weiter, sagte Darwin. Heute sind sich die meisten Forscher einig, dass Darwin mit seinen Ansichten zu großen Teilen Recht hatte.

Natürlich gibt es keine „überlegene Menschenrasse" und auch keine einzelnen Menschen, die „mehr wert" sind als andere. Gerade wir Menschen bemühen uns, kranken und schwachen Lebewesen zu helfen – oder sollten es wenigstens tun.

PA **Aufgabe 9:** *Erkläre deinem Nachbarn die Begriffe **„Gene"**, **„DNA Molekül"**, **„Mutation"** und **„Evolution"**.*

EA **Aufgabe 10:** *Darwin ist in knapp fünf Jahren mit dem Segelschiff Beagle um die ganze Welt gereist. Er hat überall Proben gesammelt und Entdeckungen gemacht, die später zu seiner Evolutionstheorie führten. Er startete Ende 1831 in Plymouth/England und kehrte im Oktober 1836 zurück. Finde im Gitter die 10 Stationen seiner Reise! Weitere Infos findest du im Internet!*

A	G	B	S	T	T	L	G	I	S	C	R	E	D	P	F	O	H	S	I
K	A	P	V	E	R	D	I	S	C	H	E	I	N	S	E	L	N	O	P
L	L	G	L	N	J	I	K	L	O	I	S	C	G	H	U	T	E	J	S
O	A	R	A	E	B	R	A	S	I	L	I	E	N	F	E	I	U	K	T
M	P	S	S	R	D	A	O	L	P	E	D	R	T	T	R	R	S	L	R
M	A	T	T	I	R	T	R	F	T	O	L	P	C	X	L	S	E	M	F
I	G	R	I	F	E	R	X	E	D	T	R	A	T	T	A	H	I	T	I
A	O	O	F	F	S	D	B	L	E	D	E	S	T	S	N	C	L	A	G
R	S	L	O	A	R	G	E	N	T	I	N	I	E	N	D	H	A	N	H
F	G	O	L	I	S	T	R	A	U	S	T	R	A	L	I	E	N	O	I
F	L	A	M	N	O	P	I	G	S	T	R	E	S	O	G	J	D	P	D

I. Die Schöpfungsgeschichte der Bibel

Wie entstanden verschiedene Völker?

Der Mensch passte sich dem Lebensraum an, in dem er zu Hause war. Im Laufe der Zeit entwickelten sich verschiedene ethnische Gruppen. („ethnos“, bedeutet im Griechischen „Volk“). Der heutige Mensch besteht aus verschiedenen ethnischen Gruppen, die sich äußerlich ähnlich sind und doch von anderen Völkern unterscheiden. Es gibt unterschiedliche Hautfarben, Augenfarben, Körpergrößen oder Gesichter. So sehen Europäer anders aus als Menschen aus Asien oder Afrika. Südeuropäer unterscheiden sich wiederum von Nordeuropäern, und genauso gibt es unter den Völkern Asiens verschiedene Typen.

Wie es genau zu dieser unterschiedlichen Entwicklung kam, weiß man noch nicht genau. Die modernen Menschen (Homo sapiens) siedelten sich im Laufe der Zeit in vielen Teilen der Erde an.

EA

Aufgabe 11: *Unten findest du Bilder von verschiedenen Volksgruppen. Schneide sie aus und klebe sie zu den Gebieten in die Weltkarte: Weiße, Schwarze, Indianer, Asiaten, Mexikaner.*

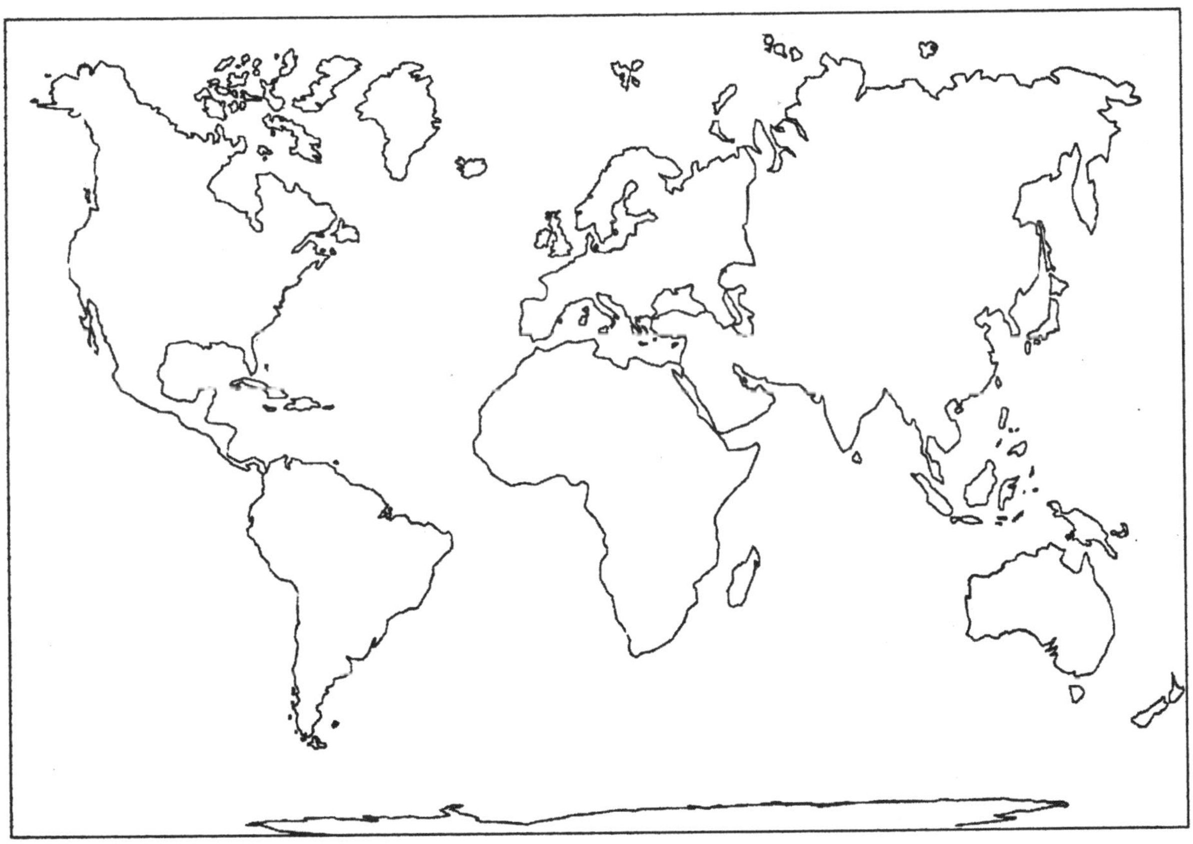

Lernwerkstatt „Die Entwicklung des Menschen“ – Bestell-Nr. 11 633
KOHL VERLAG Der Verlag mit dem Baum

I. Die Schöpfungsgeschichte der Bibel

Die systematische Einteilung der Tierwelt (und des Menschen)

Die Systematik ist die wissenschaftliche Einteilung der Lebewesen nach ihrer Entwicklung und Verwandtschaft. Wir unterscheiden das Pflanzenreich und das Tierreich.

Die Einteilung des Tierreichs beginnt mit den „Stämmen“: Aus dem Stamm der Wirbeltiere sind die „Klassen“ der Fische, der Amphibien, Reptilien, Vögel und Säugetiere hervorgegangen. Die Wirbeltiere in den verschiedenen Klassen haben einiges gemeinsam. Dazu gehört z. B. der Aufbau ihres Skeletts. Es gibt aber auch Unterschiede. So sind die Formen der Tiere vielfältig, ebenso die Entwicklung der Gliedmaßen (Arme und Beine, Flügel, Flossen).

PA

Aufgabe 12: *Schneidet die Kärtchen und aus und klebt sie richtig in die Spalte „Merkmale“. Wo würdet ihr uns Menschen einordnen?*

Wirbeltierklassen	Merkmale	Welche Tiere kennst du?
Säugetiere		
Vögel		
Kriechtiere/ Reptilien		
Lurche/ Amphibien		
Fische		

• säugen ihre Jungen • haben meist ein Fell • haben zwei Augen	• leben an Land und im Wasser • legen Eier	• leben im Wasser • haben Kiemen • besitzen Flossen
• leben meist an Land • Schuppenhaut/Panzer • legen Eier		• haben Federn • können meist fliegen • legen Eier

KOHL VERLAG Der Verlag mit dem Baum
Lernwerkstatt „Die Entwicklung des Menschen“ – Bestell-Nr. 11 633

II. Die Entwicklung des Menschen

Überblick über die Entwicklung des Menschen

Das Tier- und Pflanzenreich werden jeweils weiter eingeteilt **in Ordnung > Familie > Gattung > Art.**

So sieht das bei und Menschen aus:

Stamm: Chordatiere > Wirbeltiere; **Klasse:** Säugetiere; **Ordnung:** Primaten; **Familie:** Menschenaffen; **Gattung:** Homo (Mensch); **Art:** Homo Sapiens.

EA

Aufgabe 1: **a)** *Schneide die Bilder unserer Urahnen und der Menschenaffen aus und klebe sie an die richtige Stelle.*

b) *Berichte: Welche gemeinsamen Vorfahren hatten Menschen und Affen? Wie nannte man die ersten Menschen? Wie hießen die folgenden Menschen?*

Homo sampiens

heutige Menschenaffen

Neandertaler

Homo erectus

Homo habilis

Australopithecus

Die Dryopithecinen gelten als die gemeinsamen Vorfahren von Mensch und Menschenaffen. Sie lebten vor rund 20 bis 4 Millionen Jahren in Europa und Asien.

Dryopithecinen - Baumaffen

KOHL VERLAG Der Verlag mit dem Baum
Lernwerkstatt „Die Entwicklung des Menschen“ – Bestell-Nr. 11 633

II. Die Entwicklung des Menschen

Der Australopithecus

Die lange Entwicklung zu den heutigen Menschen begann vor etwa 4 Millionen Jahren. Der erste in der Reihe unserer Vorfahren war der Australopithecus. Er konnte bereits aufrecht gehen, verbrachte die Nächte aber noch, wie alle Affen, hoch oben in den Gipfeln der Bäume, um vor Feinden geschützt zu sein. Am Tag verließ er jedoch die Bäume und hielt sich in der Savanne und an den Ufern der Seen in Afrika auf. Dort fand er auch seine Nahrung. Er ernährte sich vor allem von Nüssen, Früchten, Samen und Wurzeln. Fleisch stand nur selten auf seinem Speiseplan und dies auch nur dann, wenn er bei seinen Streifzügen zufällig auf ein bereits totes Tier stieß. Auf die Jagd ging unser Urahn aber nicht.

Der Australopithecus stellte auch keine Werkzeuge her. Die Gegenstände, die er bei der Nahrungsbeschaffung benutzte (z.B. Stöcke um in Erdlöchern oder Baumhöhlen zu stochern), fand er in seinem Umfeld. Er erreichte eine Länge von etwa 1,30 m. Sein Gehirn war noch nicht viel größer als das eines Menschenaffen. Wie die Affen hatte er Wülste über den Augen, kein Kinn und eine fliehende Stirn.

Sein Name setzt sich aus dem lateinischen australis = südlich und dem griechischen pithekos = Affe zusammen. Man könnte sagen: Südlicher Affe oder Südaffe.

EA

Aufgabe 2: **a)** *Lies den Namen der Urmenschen in einzelnen Silben:*

AUS - TRA - LO - PI - THE - CUS

b) *Bilde aus den Buchstaben neue Wörter, zum Beispiel:*

Opa, Suche, Pilot ...

A	U	S	T	R	A	L	O	P	I	T	H	E	C	U	S

____

____

____

____

KOHL VERLAG Der Verlag mit dem Baum
Lernwerkstatt „Die Entwicklung des Menschen“ – Bestell-Nr. 11 633

II. Die Entwicklung des Menschen

Lucy

Unsere Urahnin Lucy lebte vor 3,2 Millionen Jahren. Donald Johanson entdeckte ihr Skelett 1974 in Äthiopien (Afrika). Die Äthiopier nennen sie „DINKNES“, das bedeutet „die Schöne“. Nur die Hälfte des Skeletts wurde gefunden. Wahrscheinlich war Lucy etwa 20 Jahre alt. Sie wog 30 Kilogramm und war 1 Meter groß. Ihr Skelett kann man im National Museum in Addis Abeba sehen.

Als die Forscher damals zusammensaßen und Songs der Beatles hörten, sagte jemand: „nennen wir sie doch Lucy“ wie im Song „Lucy in the Sky with Diamonds“. So bekam sie den Namen Lucy.

EA

Aufgabe 3: *Hier siehst du die Knochen, die von Lucy erhalten sind. Zum Vergleich findest du unten ein Skelett vom Menschenaffen (links) und vom heutigen Menschen (rechts). Male Lucys Knochen rot an.*

Zeichne dann das Skelett vollständig nach den Vorlagen rechts.

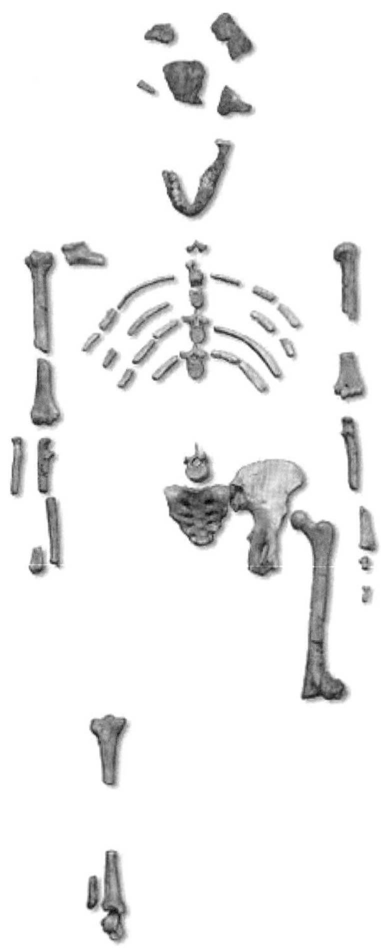

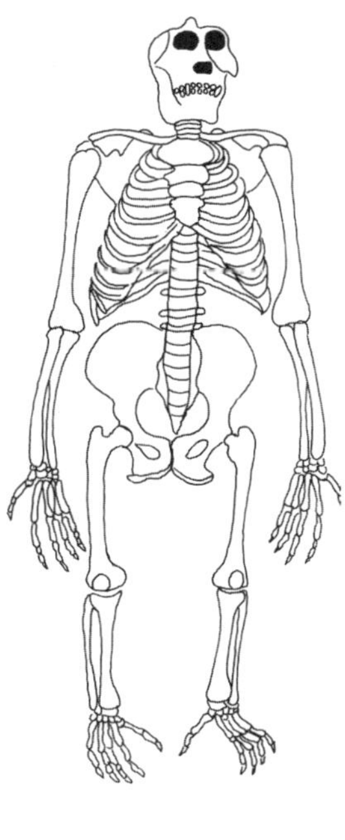

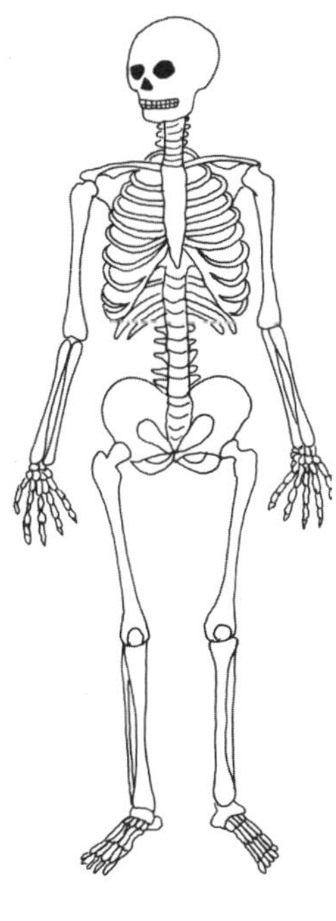

KOHL VERLAG Der Verlag mit dem Baum
Lernwerkstatt „Die Entwicklung des Menschen“ – Bestell-Nr. 11 633

II. Die Entwicklung des Menschen

Der Homo habilis

Nachbildung eines Homo habilis

Vor ca. 2,5 Millionen Jahren entwickelte sich der Homo habilis. Sein Lebensraum war die Savanne im Osten Afrikas. Dort lebte er, wie auch schon der Australopithecus vor ihm, vor allem von Nüssen, Früchten, Samen und Wurzeln. Fleisch stand nur selten auf seinem Speiseplan. Das Fleisch erjagte er sich nicht selbst, sondern er aß die Reste bereits toter Tiere, die Raubtiere übrig gelassen hatten.

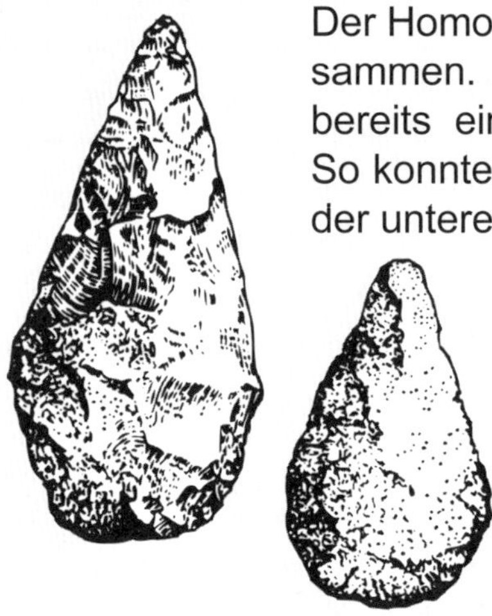

Der Homo habilis lebte in Gruppen zusammen. In diesen Gruppen gab es bereits eine Form der Unterhaltung. So konnten sich die einzelnen Mitglieder untereinander verständigen.

Der Urmensch hatte ein größeres und höher entwickeltes Gehirn als der Australopithecus.

Der Homo habilis stellte selbst Werkzeuge aus Stein her. So nutzte er z.B. den Faustkeil um Nüsse oder harte Schalen zu knacken und so an seine Nahrung zu gelangen.

EA **Aufgabe 4:** *Hier siehst du Afrika auf der Weltkugel. Daneben eine Zeichnung des Erdteils. Im Osten Afrikas haben sich die ersten Menschen entwickelt. Male die Gegend rot an.*

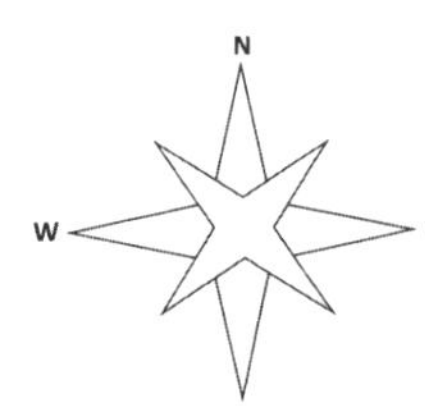

EA **Aufgabe 5:** *Eine Savanne ist Grasland mit einzelnen Sträuchern oder Bäumen. Savannen liegen zwischen dem tropischen Regenwald und den Wüsten.*

Natürlich hat sich auch die Savanne seit den Zeiten, als der Homo habilis lebte, verändert. Forscht nach und gestaltet ein Bild von der Savanne heute! Welche Tiere leben heute in der Savanne in Afrika?

Der Homo erectus

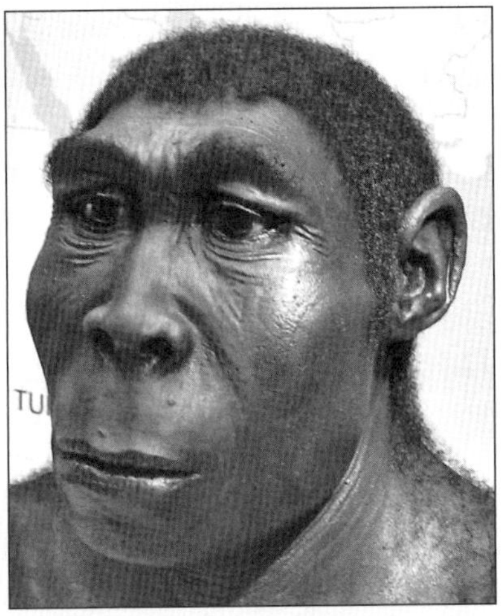

Vor ca. 1,5 Millionen Jahren tauchte der Homo erectus auf. Er war bereits in der Lage, Werkzeuge wie Faustkeile oder Steinschaber herzustellen. Mit Hilfe dieser Werkzeuge konnte er seine Kraft viel besser nutzen. So erleichterte der Faustkeil das Knacken von Nüssen und mit dem Steinschaber konnten selbst kleinste Fleischreste von den erjagten Tieren abgeschabt und genutzt werden. Eine weitere Entdeckung, die das Leben des Homo erectus entscheidend veränderte, war die Entdeckung des Feuers. Das Feuer spendete Wärme und schützte vor wilden Tieren. Man konnte das Fleisch erstmals braten und so besser essen und verdauen. Um genügend Nahrung für die Gruppe zu beschaffen, gingen die Männer zur Jagd, während die Frauen weiterhin Beeren, Wurzeln und Früchte sammelten. Der Homo erectus war in der Lage, sich miteinander zu verständigen. So konnten Mitteilungen (z.B. wo sich besonders gut Nahrung finden lässt) ausgetauscht und Erfahrungen (z.B. welche Beeren giftig, oder welche Tiere gefährlich sind) weitergegeben werden. Er bewohnte Höhlen.

Der homo erectus war etwa 1,50 m groß, sein Hirn war auf 1 000 cm³ angewachsen. Er lebte ungefähr 1,8 bis 1,3 Millionen Jahre vor unserer Zeit in Afrika, Asien und Europa. In Deutschland lebte der Heidelbergmensch (Homo heidelbergensis). Seine Überreste wurden 1907 in der Nähe von Heidelberg gefunden. Spätere Funde lassen darauf schließen, dass er in weiten Teilen Europas verbreitet war.

EA

Aufgabe 6: *Welche zwei entscheidenden Dinge zeichneten den Homo Erectus aus? Schreibe in dein Heft.*

EA

Aufgabe 7:

Nein, dass ist keine Schrift der Steinzeitmenschen. Die konnten noch gar nicht schreiben. Übertrage den Text richtig in dein Heft.

Der Homo erectus gilt als direkter Vorfahre des Menschen. Er verließ als erster Afrika und besiedelte Europa und Asien. Er bewohnte Höhlen und stellte Werkzeuge her. Damit ging er auf die Jagd. Ganz wichtig war die Nutzung des Feuers. So konnte man das Fleisch garen, sich wärmen und Tiere und Insekten fernhalten.

II. Die Entwicklung des Menschen

Die Spaltung der menschlichen Evolution

Es kam zu einer Spaltung in der menschlichen Evolution: Aus dem Homo erectus entwickelte sich der Neandertaler (Homo neanderthalensis) und der heutige Mensch (Homo sapiens sapiens). Der Neandertaler lebte etwa 130.000 bis 30.000 Jahre vor unserer Zeit. Benannt wurde er nach dem Neandertal, das in der Nähe von Düsseldorf liegt. Im Jahr 1856 fand man dort Skelettreste des bis dahin unbekannten Menschen.

Der Neandertaler

Der Neandertaler konnte bereits viele Werkzeuge aus Stein, Holz und Knochen herstellen. Neben Faustkeilen gab es auch schon Klingen aus Stein für einfache Messer und Speere. Mit diesen Werkzeugen war es für ihn einfacher, an seine Hauptnahrung, das Fleisch, zu gelangen. Dazu ging er auf die Jagd nach Rentieren, Höhlenbären, Wollnashörnern, Wildpferden und Mammuts.

Aber nicht nur das Fleisch der Tiere wurde verwendet. Aus dem Fell stellte der Neandertaler Decken und Kleidung her. Außerdem fertigte er Schmuck aus Tierzähnen an.

Während der Eiszeit zog sich der Neandertaler in Höhlen zurück. Die Nutzung des Feuers war sehr wichtig für ihn. Er brauchte es nicht nur zum Kochen und Braten, sondern auch zum Wärmen in der beginnenden Kältewelle.

Der Neandertaler hatte einen gedrungenen und kräftigen Körperbau. Man erkennt ihn an seinem recht großen Kopf mit einer flachen Stirn und einem fliehenden Kinn. Er war etwa 1,65 m groß hatte ein Gehirn von fast 1.500 cm³. Es war damit dreimal so groß wie das eines Menschenaffen. Forscher gehen davon aus, dass er auch schon über eine Sprache verfügte.

EA

Aufgabe 8: *Was stimmt an diesem Bild überhaupt nicht? Erkläre im Heft!*

EA

Aufgabe 9: *Setze die Beutetiere des Neandertalers richtig ins Gitter ein: Notiere in der Mehrzahl (Plural). Das Lösungswort verrät dir, was für den Menschen früher ganz wichtig war.*

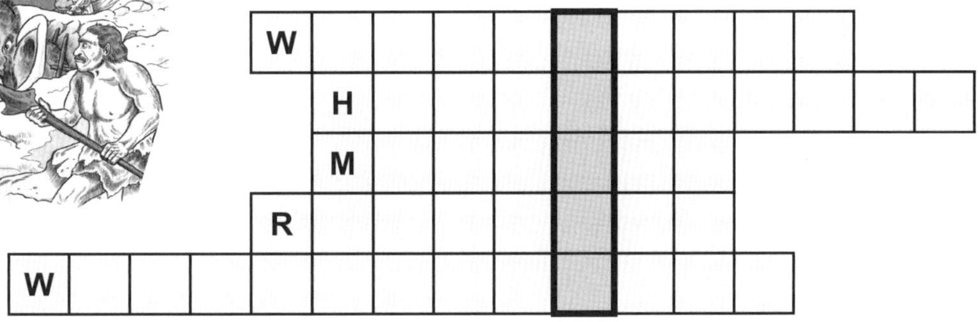

Der Homo sapiens sapiens

Vor etwa 100.000 Jahren entwickelte sich der moderne Mensch. Er verfeinerte viele Dinge weiter, die seine Vorfahren bereits nutzten. Besonders Werkzeuge und Waffen wurden immer weiter verbessert.

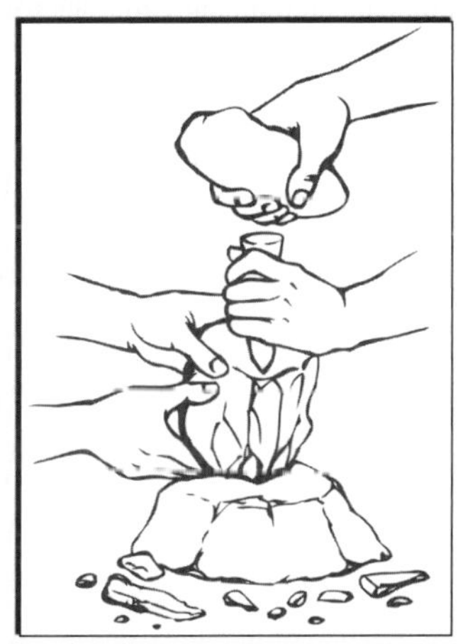

Die Männer gingen mit ihren Speeren auf die Jagd. Sie schlichen sich dann an eine Herde (z.B. Mammuts) an und schleuderten ihre Speere auf sie. Die Frauen sammelten Beeren, Kräuter, Nüsse und Samen. Dabei blieben sie stets in Nähe der Höhle, um auf das Feuer zu achten und sich um die Kinder zu kümmern.

Der Homo sapiens sapiens entwickelte auch erste Formen von Kunst. So stellte er Figuren und Schmuck her und bemalte die Wände seiner Höhlen. Aus diesen Höhlenmalereien können wir heute einiges über das Leben dieser Menschen erfahren.

Von diesem Homo sapiens sapiens stammen alle heute lebenden Menschen ab, auch wir. Mit ihm beginnt die eigentliche Geschichte des Menschen.

EA

Aufgabe 10: *Berichte, welche Aufgaben die Frauen und welche die Männer bei den Homo Sapiens erfüllen mussten.*

Lernwerkstatt „Die Entwicklung des Menschen“ – Bestell-Nr. 11 633
KOHL VERLAG Der Verlag mit dem Baum

II. Die Entwicklung des Menschen

Homo sapiens sapiens breitete sich aus

Schließlich breitete sich Homo sapiens sapiens auch in Europa aus. Der Neandertaler starb vor etwa 30.000 Jahren aus, während der Homo sapiens sapiens sich in weiten Teilen der Erde ansiedelte.

Der so genannte Cro-Magnon-Mensch (nach seinem Fundort, der Cro-Magnon-Höhle in Frankreich, benannt) lebte gegen Ende der Eiszeit in Europa. Sein Aussehen glich dem der Menschen von heute. Auch sein Gehirn war etwa genauso groß. Er fertigte viele sinnvolle Werkzeuge an und besaß auch künstlerische Fähigkeiten, wie seine Höhlenmalereien zeigen.

Würde ein Cro-Magnon-Mensch in unserer Welt leben, wäre er vermutlich ebenso fähig, Dinge zu erlernen und unsere Art von Denken und Handeln zu übernehmen.

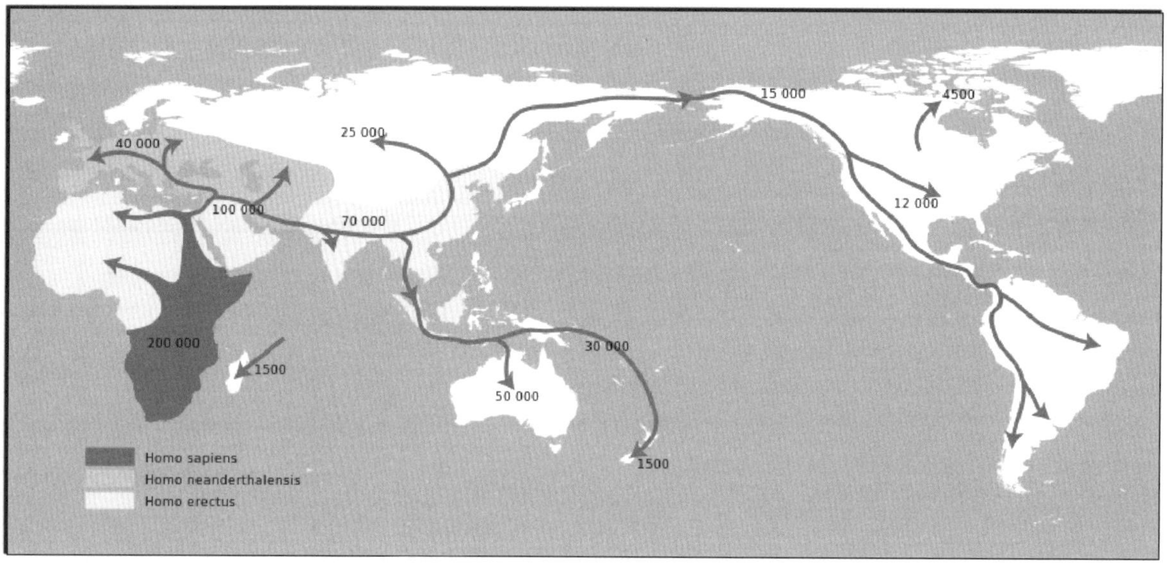

EA

Aufgabe 11: Die Malereien in der Grotte von Lascaux, im Südwesten Frankreichs gelegen, sind uralt. Fettlampen müssen damals die Grotte erhellt haben, als die aus verschiedenen Mineralien und Erde gemischten Farben wahrscheinlich mit Hilfe von Moosbüscheln oder Fellbüscheln aufgetragen wurden. Überwiegend sind es Tiere, die die steinzeitlichen Künstler darstellten. Nur höchst selten sieht man auch Menschen. Die Jäger haben wohl dargestellt, was ihr Leben bestimmte, ihre Jagdbeute.

Male das Bild aus der Höhle von Lascaux farbig aus! Denke daran, dass die Menschen damals nur Erd- und Brauntöne zur Verfügung hatten.

Ötzi – eine Mumie aus der Bronzezeit

Im Jahr 1991 wurde „der Mann aus dem Eis“ entdeckt. Im Norden Italiens fanden Wanderer einen Mann, der schon sehr lange nicht mehr lebte. Da der Tote in den Ötztaler Alpen gefunden wurde, erhielt er den Namen „Ötzi“.

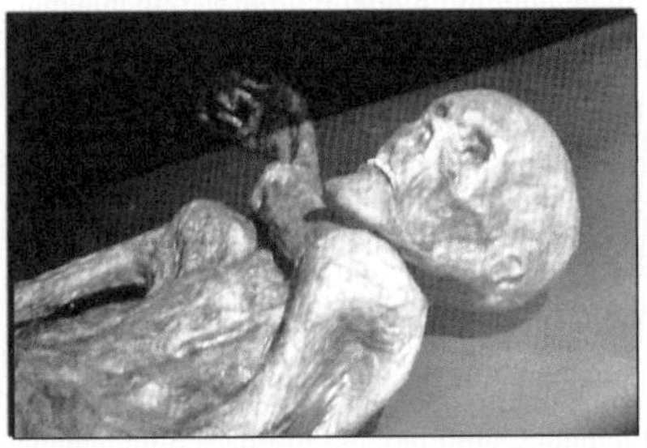

Er lebte vor mehr als 5.300 Jahren. Die gut erhaltene Kleidung und die Ausrüstung des Mannes gaben Auskunft über die Lebensweise der Menschen damals, in der Bronzezeit. All die Jahre steckte der Ötzi im Gletschereis und war so tiefgefroren. Eine so alte und noch so gut erhaltene Leiche hat es noch nie gegeben!

Ötzi wird aus dem Eis geholt. Seine Kleidung bestand aus einem Grasmantel, aus Mütze, Obergewand, Lendenschurz, Gürtel, zwei Beinröhren und Schuhen aus Leder bzw. Fell. Er hatte einiges dabei: ein Kupferbeil, einen Bogen, Pfeile und einen Dolch mit einer Klinge aus Feuerstein. Ötzi trug eine Umhängetasche mit Getreidekörnern und Feuersteinen.

Erst vor einigen Jahren entdeckten Forscher eine Pfeilspitze in Ötzis Schulter und Blut von anderen Menschen auf seiner Kleidung. Ganz klar: Ötzi ist ermordet worden.

Aber von wem? Forscher haben lange daran gearbeitet, sein Geheimnis zu lüften. Dabei haben sie viel entdeckt: Der Ötzi war 1 Meter 60 groß und wog 50 Kilogramm. Seine Haare waren wellig, er hatte einen Bart und braune Augen. Ötzi hatte Rippenbrüche, Prellungen und eine Schussverletzung in der Schulter. Daran starb er mit etwa 45 Jahren.

EA

Aufgabe 12: *Lies den Text aufmerksam.*

a) *Zeichne nach den Angaben ein Bild von Ötzi.*

b) *Du bist für die Berliner Zeitung am Fundort von Ötzis Mumie. Schreibe einen spannenden Bericht über den Mord! Wer war wohl der Täter? Was wollte Ötzi in den Bergen? War er auf der Flucht?*

KOHL VERLAG Der Verlag mit dem Baum
Lernwerkstatt „Die Entwicklung des Menschen“ – Bestell-Nr. 11 633

II. Die Entwicklung des Menschen

EA

Aufgabe 13: **a)** *Nummeriere die Kärtchen der zeitlichen Reihenfolge nach.*

☐ **Homo erectus (Frühmensch)**
Der Frühmensch wurde bereits 1,65 m groß. Er konnte Faustkeile herstellen und entdeckte das Feuer. Weil der Frühmensch aufrecht gehen konnte erhielt er den Namen Homo erectus, aufrechtgehender Mensch.

☐ **Homo sapiens sapiens (Jetztmensch)**
Alle heute lebenden Menschen stammen vom Homo sapiens sapiens ab. Er wurde 160 – 185 cm groß. Im Vergleich zum Neandertaler erschuf er nicht nur Werkzeuge, sondern auch Kunstwerke, wie die Höhlenmalereien zeigen.

☐ **Australopithecus (Vormensch)**
Der Vormensch wurde 110-150 cm groß. Seine Haltung war gebückt und der eines Affen noch sehr ähnlich. Werkzeuge konnte der Vormensch noch nicht herstellen.

☐ **Homo habilis (Geschickter Mensch)**
Der Homo habilis wurde im Durchschnitt 1,45 m groß. Weil er in der Lage war, einfache Werkzeuge herzustellen wurde er Homo habilis, geschickter Mensch genannt.

☐ **Homo sapiens (Neandertaler)**
Der Neandertaler ist ein Vertreter der Gattung Homo sapiens. Er wurde bis zu 1,80 groß und konnte vielfältige Werkzeuge herstellen.

b) *Schreibe die Namen der jeweiligen Menschen unten auf.*

Entwicklungsepochen der Menschheit

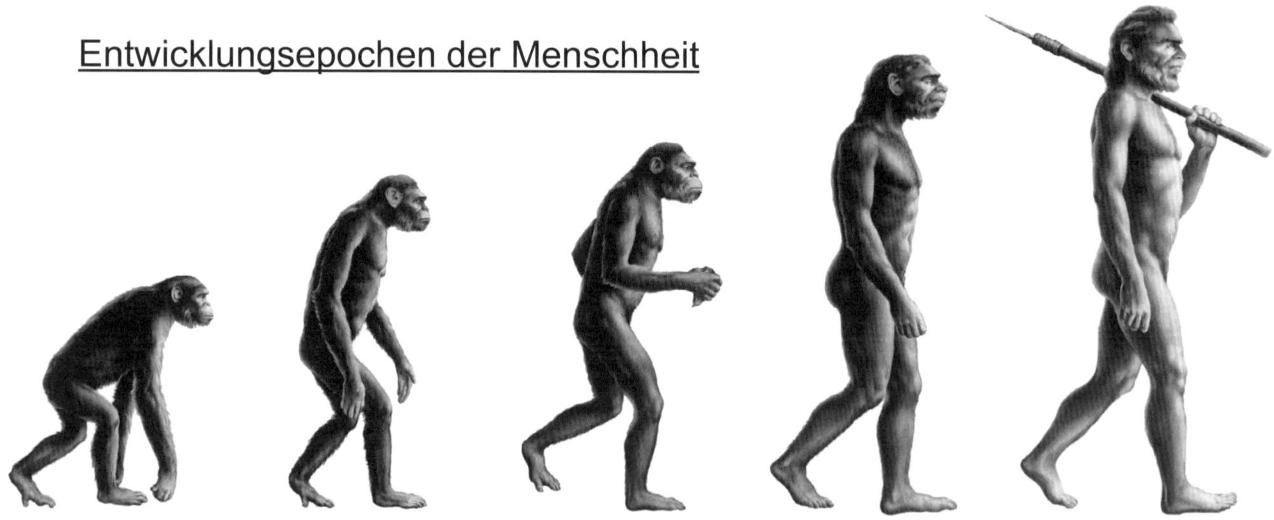

KOHL VERLAG Lernwerkstatt „Die Entwicklung des Menschen" – Bestell-Nr. 11 633

III. Entwicklungsepochen der Menschheit

Die Wiege der Menschheit

Die Wiege der Menschheit – von über 4 000 000 v. Chr. bis 2 600 000 v. Chr.

Die Entwicklung der Menschheit begann schon lange vor der Steinzeit. Vor über 4 Millionen Jahren gab es die ersten Frühmenschen. Unsere Vorfahren stammen aus Afrika. Sie entwickelten sich in Millionen von Jahren zu einer Art „Vormensch". Davon gab es mehrere Arten, die Australopithecus genannt werden. Sie waren viel kleiner als die Menschen heute, begannen aber langsam sich aufzurichten. Sie sahen noch sehr wie Affen aus und besaßen noch ein Fell. Der Mensch stammt nicht direkt vom Affen ab, sondern es gab vor einigen Millionen Jahren einen gemeinsamen Vorfahren. Dann teilt sich die Entwicklung.

Warum wird die Frühgeschichte in Stein-, Bronze- und Eisenzeit eingeteilt?

Die Steinzeit umfasst einen sehr langen Zeitraum: Sie begann vor 2,6 Millionen Jahren und endete vor etwa 4.000 Jahren. Man nennt diesen Zeitabschnitt Steinzeit, weil die Menschen damals vor allem Steine als Werkzeug benutzt haben.

Zunächst bearbeiteten sie noch Stein, Holz und Knochen, dann lernten sie die Vorteile des Metalls – Bronze und Eisen – als Werkzeuge und Waffen kennen. Daher stammt die Einteilung der Frühgeschichte in die drei Abschnitte Steinzeit, Bronzezeit und Eisenzeit.

Der Nahe Osten war dabei Europa immer ein wenig voraus. Die folgenden Zeiten gelten, wenn nicht anders angegeben, für Mitteleuropa.

Die Altsteinzeit dauerte ungefähr von 2 600 000 bis 9 500 Jahren vor Christus, die Mittelsteinzeit von 9 500 bis 5 500 vor Christus und die Jungsteinzeit von etwa 5 500 bis 2 200 vor Christus. Anschließend begann die Bronzezeit und dauerte bis etwa 800 Jahre v. Chr. Als Eisenzeit betrachtet man die Periode bis zum Beginn des Römischen Reiches, also um das Jahr 100 v. Chr..

EA

Aufgabe 1:

Fülle die Tafel mit den richtigen Zeiten aus. Du findest sie oben im Text.

Die Frühgeschichte – Zeiten

Steinzeit ______________________

- Altsteinzeit ______________________
- Mittelsteinzeit ______________________
- Jungsteinzeit ______________________

Bronzezeit ______________________

Eisenzeit ______________________

KOHL VERLAG Der Verlag mit dem Baum – Lernwerkstatt „Die Entwicklung des Menschen" – Bestell-Nr. 11 633

III. Entwicklungsepochen der Menschheit

Altsteinzeit

Altsteinzeit von 2 500 000 bis 9 500 v. Chr.

Die Altsteinzeit ist die längste Zeit in der Geschichte der Menschheit. Sie beginnt mit dem Erscheinen der ersten Menschen. Verschiedene Arten breiteten sich von Afrika über die ganze Welt aus. Kennzeichen der Altsteinzeit sind grobe Steinwerkzeuge wie der Faustkeil. Die Menschen lebten als Jäger und Sammler.

Als die ersten Menschen, die Werkzeuge nutzten, gelten Homo habilis (der geschickte Mensch). Der nachfolgende Homo erectus (der aufrechte Mensch) hat bereits Werkzeuge und Feuer genutzt. Zu dieser Zeit sollen nur wenige zehntausend Menschen auf der Erde gelebt haben.

Die Menschen ernährten sich von allem, was sich in ihrem Umfeld finden ließ: Pflanzen, Früchte, Samen, Wurzeln, auch Pilze, Honig, Eier, Fleisch und Fisch. Die Ernährung der Steinzeit-Menschen soll überwiegend aus Fleisch bestanden haben.

Die Menschen lebten in kleinen Gruppen, und zogen, ihrer Jagd-Beute folgend, umher. Höhlen wurden schon seit frühester Zeit als Unterschlupf genutzt. Doch man fand auch Steinkreise, die als Reste von Behausungen angesehen werden können. Dabei wurden schon vor zwei Millionen Jahren Äste oder kleine Stämme durch Steine oder Tiersehnen befestigt und mit Blättern oder Fellen bedeckt. Das bildete einen Unterschlupf, der vor Kälte schützte. Die älteste Hütte Europas ist etwa 600.000 Jahre alt und wurde bei Prag (Tschechien) gefunden.

Man nimmt an, dass die Frauen die Aufgabe des Sammelns übernahmen und Männer auf die Jagd gingen. Aber beide hatten eine wichtige Aufgabe: Sammler mussten eine Menge über die Natur wissen, denn nur so konnten sie giftige Pflanzen von essbaren unterscheiden. Auch die Jäger wussten schon eine Menge: Sie konnten Spuren lesen und das Verhalten der einzelnen Tiere einschätzen. Die Steinzeitmenschen mussten dabei den wandernden Tierherden folgen, um zu jagen und Nahrung zu erhalten. Der Mensch in der Altsteinzeit war also ein „Nomade" – ein Umherziehender ohne festen Wohnsitz.

EA

Aufgabe 2: *Auch heute gibt es noch Nomaden. Bekannt ist ein Volk, welches mit seinen Kamelen durch Nordafrika zieht. Wie heißen sie?*

____

____

KOHL VERLAG Der Verlag mit dem Baum – Lernwerkstatt „Die Entwicklung des Menschen" – Bestell-Nr. 11 633

III. Entwicklungsepochen der Menschheit

EA **Aufgabe 3:** *Nimm ein großes Blatt. Zeichne aus den folgenden Dingen eine Unterkunft: kleine Baumstämme, Steine, Felle, Blätter, Schnüre (Tiersehnen oder biegsame Zweige).*

EA **Aufgabe 4:** *Kreise grün ein, was zur Nahrung der Steinzeitmenschen gehörte. Was sie nicht aßen, streichst du durch.*

KOHL VERLAG Der Verlag mit dem Baum
Lernwerkstatt „Die Entwicklung des Menschen“ – Bestell-Nr. 11 633

III. Entwicklungsepochen der Menschheit

Mittelsteinzeit

Mittelsteinzeit von 9 500 v. Chr. bis 5 500 v. Chr.

Die Menschen lebten zunächst wie in der Altsteinzeit als Jäger, Fischer und Sammler. Doch dann wurde es wärmer in Mitteleuropa. Die Gletscher schmolzen, das Eis ging zurück, Wälder begannen zu wachsen. Die Jäger mussten nicht ständig den Tieren hinterher ziehen. Die Tiere, die die Kälte liebten wie das Rentier, wanderten in kalte Länder oder starben aus wie das Mammut und das Wollnashorn. Dafür lebten nun andere, kleinere Tiere wie der Hirsch, das Wildschwein, das Pferd oder Wildrinder in den Wäldern.

Man jagte mit Pfeil und Bogen und benutzte kleine Spitzen aus Feuerstein. Diese waren das typische Zeichen der Mittelsteinzeit und werden Mikrolithen genannt *(griechisch mikros = klein, lithos = Stein)*.

Auch der Fischfang war eine wichtige Nahrungsquelle. Aus dieser Zeit sind einfache Boote bekannt, beispielsweise der Einbaum oder das Fellboot.

Pflanzliche Nahrung wurde immer wichtiger, da sich aufgrund des wärmeren Klimas mehr Kräuter, Früchte und Sträucher entwickelten. So wurden weiter Nüsse, Beeren und Wurzeln gesammelt.

Menschen siedelten an Flüssen und Seen. Mit den kleinen Booten begann auch der Handelsverkehr auf dem Wasser. Für den Landverkehr wurden Karren gebaut mit Scheibenrädern. Durch den Kulturaustausch wurden auch Wissen und Erfahrungen schneller verbreitet.

EA

Aufgabe 5: **a)** *Welche Verkehrsmittel nutzten die Menschen auf Wegen und Flüssen?*

____

____

b) *Wie stellst du dir ein Fellboot vor? Erzähle.*

____

____

KOHL VERLAG Der Verlag mit dem Baum
Lernwerkstatt „Die Entwicklung des Menschen“ – Bestell-Nr. 11 633

Das Rad

Forscher vermuten, dass das Rad in verschiedenen Teilen der Welt etwa gleichzeitig erfunden wurde. Und das schon vor etwa 6000 Jahren!

Wie kamen die Menschen zum Rad? Der Kreis – die Form des Rades – kommt in der Natur häufig vor: Sonne und Mond sind rund, auch Früchte oder Steine kullern um die eigene Achse. Jede kreisrunde Scheibe ist eigentlich ein Rad, doch nutzbar wird es erst durch Einsetzen einer Achse. Im Laufe der Jahrtausende wurde das Rad immer weiter verbessert. Vor etwa 4000 Jahren bekam es Speichen und wurde so leichter und schneller. Ohne das Rad gäbe es alle anderen Erfindungen nicht, denn irgendwo ist immer ein Rad oder wenigstens ein Rädchen drin!

PA

Aufgabe 6: *Ohne Rad geht nichts – wo überall findet ihr ein Rad oder Rädchen? Überlegt und zählt auf.*

____

____

____

EA

Aufgabe 7: *Das kleine Mädchen hat sich beim Beeren sammeln verlaufen. Zeige ihr den Weg zurück zur Höhle. Zähle dabei, wie viele Haselnüsse sie gefunden hat.*

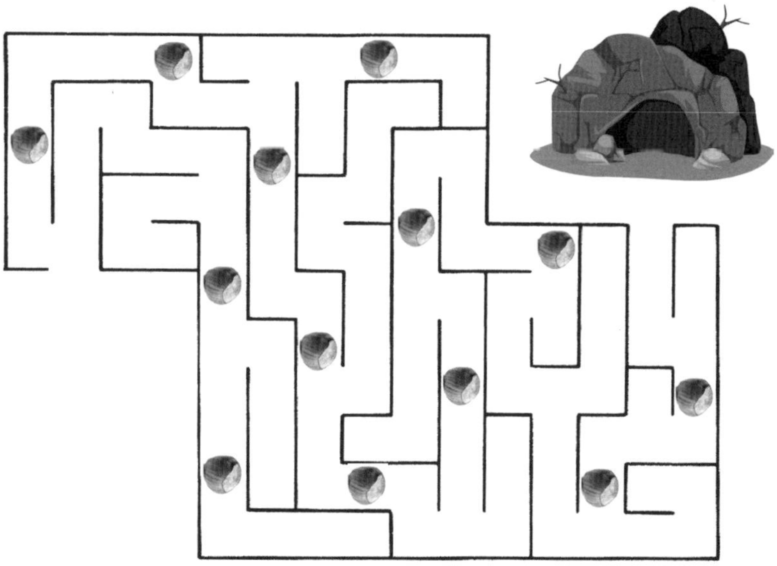

Jungsteinzeit

Jungsteinzeit von 5 500 v. Chr. bis 2 200 v. Chr.

Die Jungsteinzeit ist der letzte Abschnitt der Steinzeit. Anfangs waren die Jagd und das Sammeln noch fester Bestandteil der Nahrung. Doch dann wurden die Menschen nach und nach sesshaft. Sie begannen Häuser zu bauen, Haustiere zu halten und bauten Getreide an. Sie legten Vorräte an und trieben mit ihren überschüssigen Nahrungsmitteln Handel. Sie fingen an zu töpfern.

Nachgebildetes Langhaus im Freilichtmuseum Oerlinghausen

Die Steinwerkzeuge wurden feiner und kunstvoller. Sie wurden scharf geschliffen, Stein und Holz durchbohrt, sodass man einen Griff anbringen konnte. Nun konnte man Bäume fällen und das Holz für den Hausbau bearbeiten. Die Wände der Häuser wurden aus Flechtwerk und Lehm gebaut.

Das geschah aber nicht alles auf einmal und nicht überall gleichzeitig. Diese Lebensweise begann in Mesopotamien und breitete sich dann bis zu uns nach Europa aus.

Die Menschen der Jungsteinzeit lebten in langen, schmalen Häusern, die wegen ihrer Form auch Langhäuser genannt wurden. Die Häuser sind zwischen 20 und 40 Meter lang und 7 bis 8 Meter breit. Darin gab es einen Bereich zum Wohnen und Schlafen und einen zum Arbeiten und für das Feuer. Manchmal gab es einen weiteren Bereich, der als Lager für die Vorräte diente. Erbaut wurde das Langhaus auf mehreren Reihen von Holzpfosten. Die Wände wurden aus Ruten geflochten und mit Lehm verputzt.

EA

Aufgabe 8: *Zeichne auf ein großes kariertes Blatt den Grundriss eines Langhauses (1 Meter = 2 Kästchen). Denke, dass darin 20 bis 30 Menschen wohnten, kochten, ihre Vorräte lagerten und teile verschiedene Bereiche ab! Erstelle hier eine Skizze.*

III. Entwicklungsepochen der Menschheit

Was ist die „Neolithische Revolution“?

So nennt man den Übergang vom Nomadenleben zur Sesshaftigkeit mit Ackerbau und Viehzucht. Aus Jägern und Sammlern wurden Bauern. Die Menschen bauten Hütten aus Holz, später auch Steinhäuser und schliefen auf einem Strohlager. Sie lebten an Flüssen und in Wäldern. Der Hund wurde ihr Gefährte. Tiere wie Ziegen und Schafe, später auch Schweine und Kühe wurden gezüchtet. Die Menschen begannen, Pflanzen (z. B. Weizen, Gerste, Hirse, Erbsen, Linsen) als Nahrung selbst anzubauen. Sie legten sich Nahrungsvorräte an. Durch die Töpferei hatte man Gefäße für die Vorräte. Zur Verschönerung wurden die Gefäße verziert.

Pfahlbauten am Bodensee – Museum Unteruhldingen

Mehrere Häuser bildeten kleine Dörfer. Um die Siedlungen wurden Gräben gezogen und Holzzäune gegen wilde Tiere, aber auch gegen Überfälle errichtet. Gemeinsam arbeiteten die Menschen daran, ihr Leben zu verbessern. So hoben sie Gräben aus und bauten Dämme, um Überschwemmungen zu vermeiden. Sie leiteten Quellwasser auf ihre Felder, töpferten Gefäße und erfanden immer mehr nützliche Dinge. Der Pflug, der von Mesopotamien nach Europa kam, machte die Bearbeitung der Äcker leichter.

EA

Aufgabe 9: *Die Menschen begannen, die wilden Getreidearten Einkorn, Emmer und Gerste zu säen und zu ernten. Später gelang es, ertragreichere Getreidesorten zu züchten. Notiere die Namen richtig unter den Bildern.*

 **sterg**	 **merem**	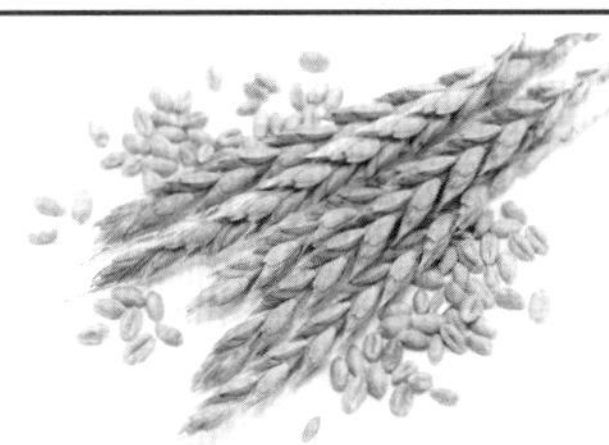 **kronien**
______________	______________	______________

EA

Aufgabe 10: *Welche Getreidearten nutzen wir heute?*

____

____

Lernwerkstatt „Die Entwicklung des Menschen“ – Bestell-Nr. 11 633
KOHL VERLAG Der Verlag mit dem Baum

III. Entwicklungsepochen der Menschheit

Der Mensch entdeckt das Metall – die Bronze- und Eisenzeit

Erst entdeckte der Mensch das Kupfer, später Bronze und Eisen. Der Abbau von Metallen und ihre Verarbeitung bildeten einen weiteren, wichtigen Fortschritt im Leben der Menschen. Geräte für den Ackerbau, Werkzeuge und Waffen aus Metall waren viel besser als die aus Stein oder Holz. Mit der Einführung dieser Geräte und Waffen machten die Menschen viele neue Erfahrungen. Sie erwarben damit Reichtum und Macht. Doch mit der Entdeckung des Metalls begann auch das Zeitalter der Kriege.

Bronzezeit von 2200 v. Chr. bis 800 v. Chr.

Die Menschen versuchten, das weiche Kupfer härter zu machen. Die Werkzeuge aus Kupfer wurden nämlich schnell stumpf. Als ein neues Metall, das Zinn, entdeckt wurde, entwickelten die Menschen eine Legierung (Mischung) aus diesen beiden Metallen. Schließlich entdeckte man: Neun Teile Kupfer vermischt mit einem Teil Zinn ergaben schließlich Bronze. Und Werkzeuge aus Bronze waren härter und schärfer als alles, was man bisher kannte. Als neue Waffe wurden nun Schwerter angefertigt.

Aber Bronze wurde nicht nur für Werkzeuge und Waffen benutzt. Schon damals trugen die Menschen gerne Schmuck. Besonders geschickte Handwerker stellten kunstvolle Zierstücke aus diesem Metall her.

In der Bronzezeit änderte sich auch sonst einiges. Der Handel blühte auf, es gab befestigte Dörfer. Bronzegießer wurden angesehene Leute. Pferde wurden gezähmt und dienten nun als Reittiere.

Entwicklung der Berufe

Die Menschen begannen, die anfallenden Arbeiten aufzuteilen. Sie übten verschiedene Tätigkeiten und Handwerke aus. Die einen sammelten kupferhaltiges Gestein – sie wurden Kupfererzsammler. Andere beschäftigten sich damit, das Kupfer durch Erhitzen aus dem Gestein zu lösen – man nennt das Verhütten. Und wieder andere stellten Gussformen für Werkzeuge, Waffen oder Schmuck her. So entstanden die ersten Berufe: Sammler, Jäger, Hirten, Viehzüchter, Bauern, Werkzeughersteller, Töpfer, Händler... Jeder machte das, was er am besten konnte. Die Menschen entwickelten neue Geräte: fein geschliffene Faustkeile und Äxte, Pfeile, Bögen, Speere, Webstühle, Lehmgefäße, Handmühlen, Netze ...

EA

Aufgabe 15: *Beschreibe die Berufe in der Bronzezeit: Sammler, Jäger, Hirte, Viehzüchter, Bauer, Werkzeughersteller, Töpfer, Händler ... Wer machte was, welche Arbeit fiel an? Schreibe ins Heft.*

Lernwerkstatt „Die Entwicklung des Menschen" – Bestell-Nr. 11 633
KOHL VERLAG

III. Entwicklungsepochen der Menschheit

Die Eisenzeit (etwa 800 v. Chr. bis etwa 100 v. Chr.)

Die Eisenzeit folgte der Bronzezeit. In Europa handelt es sich um die Zeit zwischen dem Ende der Bronzezeit und der Ausdehnung des Römischen Reiches (um die Zeitwende). Nördlich der Alpen (also auch bei uns) endete damit auch die Vorgeschichte. Mit Beginn der Zeitrechnung standen nun in erster Linie religiöse, gesellschaftliche oder politische Ereignisse im Vordergrund. Die Menschen hinterließen schriftliche Belege und Urkunden, sodass man damit Zeiten und Geschehnisse erfahren kann.

Eisen war leichter verfügbar als Kupfer. Aber die Menschen konnten noch keine so hohen Temperaturen (über 1500°C) erzeugen, um Eisen vollständig zu verflüssigen. So mussten weich geschmolzene Eisenstücke in die passende Form gehämmert werden. Eisen wurde vor allem für Waffen, schwere Werkzeuge und landwirtschaftliche Geräte benötigt. Andere Dinge wurden weiterhin aus Bronze gefertigt. Die Entdeckung des Eisens brachte auch gesellschaftliche Veränderungen mit sich. Anders als Kupfer und Zinn findet man Eisenerz nahezu überall auf der Welt in genügender Menge. Damit war Metall nicht mehr nur den reichen und mächtigen Leuten vorbehalten.

In der Eisenzeit breiteten sich die Kelten von ihren Siedlungen in Süddeutschland und Ostfrankreich nach Europa und Kleinasien aus. Sie waren eine größere Gruppe europäischer Stämme mit gemeinsamer Sprache und Kultur. Mit der Eisenproduktion gewannen sie großen Einfluss in Europa. Ihre Waffen waren sehr gefragt. Sie lebten vor allem als Hirten und Bauern. Sie siedelten in größeren Stadtanlagen, dem Oppidum. Dort hatte die Verwaltung und Rechtsprechung ihren Sitz. Es wurden Waren hergestellt und Handelsgüter getauscht. Die Eisenproduktion war führend und die Kelten trieben einen ausgiebigen Handel. Von den Römern wurden die Kelten „Gallier“ genannt. Und Asterix und Obelix kennt ihr doch bestimmt!

Der Druide war ein weiser Mann der Kelten

PA

Aufgabe 16: *Betrachtet die Krieger – wie haben sich die Waffen der Menschen im Laufe der Zeit verändert? Tauscht euch aus.*

KOHL VERLAG Der Verlag mit dem Baum
Lernwerkstatt „Die Entwicklung des Menschen“ – Bestell-Nr. 11 633

IV. Werkzeuge und Waffen aus der Steinzeit

Der Mensch entdeckt den Stein als Werkstoff

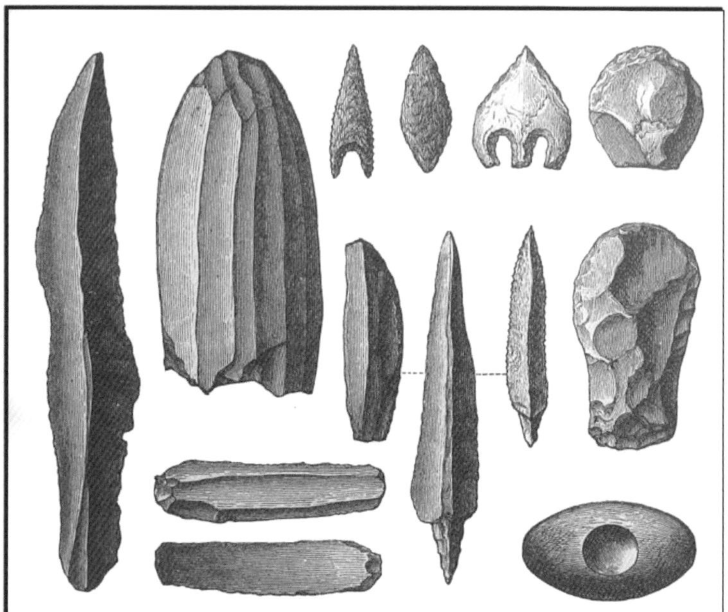

Feuersteinnucleus, Messer, Pfeilspitzen und Schaber

In der Altsteinzeit begannen die Menschen, Steine als Werkzeuge zu benutzen – das war ein bedeutender Schritt in seiner Entwicklung. Damit sind natürlich nicht Werkzeuge gemeint, wie wir sie heute nutzen, etwa eine Zange oder ein Schraubenzieher. Die Werkzeuge in der Altsteinzeit waren viel einfacher, aber dennoch schon sehr nützlich und wichtig für den Alltag der damaligen Menschen. Die ersten Werkzeuge waren einfach Steine, die auf einer Seite eine abgeschlagene Kante haben. Dadurch wurde der Stein geschärft und man konnte ihn als Messer einsetzen. Man weiß nicht, ob dieses Werkzeug durch Zufall entstand, oder ob die Menschen sich überlegt hatten, wie sie einen Stein für sich nutzbar machen können.

In der Mittelsteinzeit entwickelten die Menschen neue Steinwerkzeuge. Schaber dienten zum Schneiden und Schaben. Oft wurde damit Holz bearbeitet. Daneben gab es kleine und große Faustkeile, Keilmesser, Spitzen und auch Klingen. Spätestens jetzt waren Lanzen und Speere bekannt. Kleine Steinwerkzeuge (Mikrolithen) wurden mit Birkenpech an oder in Hölzer geklebt. Pfeil und Bogen waren die wichtigste Jagdwaffe.

Die Jungsteinzeit ist der Beginn der Landwirtschaft mit Ackerbau und Viehzucht. Die Jagd spielte nur noch eine untergeordnete Rolle in der Ernährung. Fast alle Steinwerkzeuge werden aus Klingen hergestellt. Oft wurden Speerspitzen aus Geweih und Knochen gefertigt.

EA

Aufgabe 1: *Lies den Text genau durch und beantworte folgende Fragen. Schreibe in vollständigen Sätzen in dein Heft.*

a) *Wozu dienten Schaber und was wurde damit oft bearbeitet?*

b) *Was bezeichnet man als Mikrolithen?*

c) *Was waren die wichtigsten Waffen für die Jagd?*

d) *Woraus stellte man Speerspitzen her?*

IV. Werkzeuge und Waffen aus der Steinzeit

PA

Aufgabe 2: *Hier seht ihr einige Werkzeuge und Waffen der Steinzeit. Wisst ihr, wie sie heißen und wozu man sie gebrauchte?*

Die Werkzeuge und Waffen nannte man ... ________________________________

____

Sie wurden gebraucht zum ... ____

____

____

____

EA

Aufgabe 3: *Setze die Werkzeuge und Waffen richtig ins Gitter ein:*

Keule, Pfeil und Bogen, Schaber, Faustkeil, Mikrolith, Lanze, Speer, Holzstiel.

Die dunkelgrauen Kästchen nennen dir ein Lösungswort.

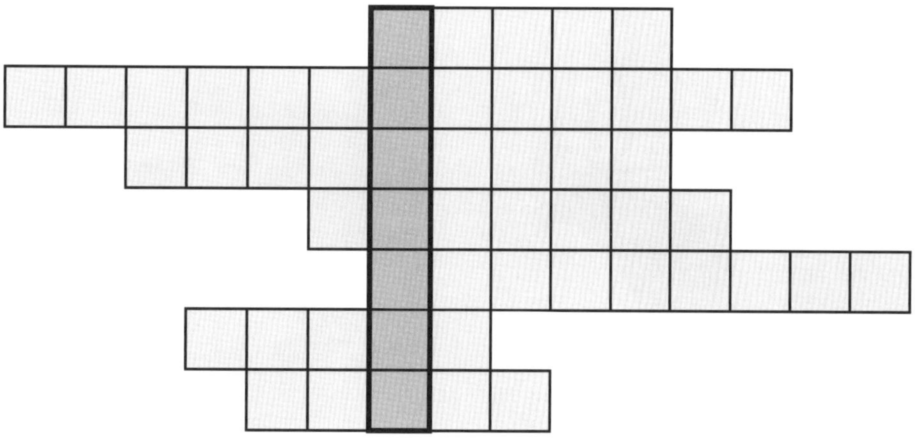

KOHL VERLAG Der Verlag mit dem Baum
Lernwerkstatt „Die Entwicklung des Menschen" – Bestell-Nr. 11 633

IV. Werkzeuge und Waffen aus der Steinzeit

Steinzeittiere

Das bekannteste Steinzeittier ist sicher das Mammut. Es wurde bis zu drei Meter groß.

Das Wollnashorn lebte in Asien und Europa. Es wurde bis zu zwei Meter groß.

Von den ersten Höhlenmalereien kennen sind auch Höhlenbären, Pferde, Hirsche, Wisente und Rentiere bekannt.

Interessant und gefährlich war sicher auch der Säbelzahntiger.

EA

Aufgabe 4: *In der Steinzeit gab es einige Tiere, die wir heute nicht mehr kennen. Aber diese „halben“ Viecher hier? Da stimmt etwas nicht! Schneide die Teile aus und setze die Tiere richtig zusammen! Klebe sie auf ein Blatt und notiere ihren Namen.*

V. Das Feuer

Feuer kannten die Menschen früher nur, wenn ein Blitz einschlug und Bäume, Holz oder Gras entzündete. Feuer ist eine Naturerscheinung. Der Mensch hat das Feuer nicht entdeckt oder erfunden, sondern erkannt, wie er es gebrauchen kann. Homo erectus war der erste, der das Feuer für sich nutzte. Doch er hat wohl sein Lagerfeuer entzündet, indem er Zweige in natürlich brennendes Feuer hielt oder glühende Holzstücke mitnahm. Das Feuer wurde „gehütet", meist von den Frauen. Es gab auch Feuerhüter, die darauf achten mussten, dass das Feuer nie ausging. Ab etwa 700 000 v. Chr. schaffte er es dann, selber ein Feuer zu entzünden.

Das Feuer war für die Menschen damals sehr wichtig. Sie merkten, dass Feuer Licht und Wärme spendete. Feuer bot zugleich Schutz vor Raubtieren und Insekten. Feuer kochte ihre Speisen. Im Dunkeln konnten sie sich mit Hilfe einer Flamme besser zurechtfinden.

Damit Feuer entstehen kann braucht man Brennstoff, Hitze und Sauerstoff. Fehlt nur eines dieser drei genannten, dann gibt es auch kein Feuer.

Feuer ermöglichte die Härtung von Holz und Stein und später (in der Jungsteinzeit) von Ton oder Lehm zu Keramik und (noch später) zum Schmelzen von Metallen. Im Laufe der Zeit entdeckten unsere Vorfahren immer weitere Einsatzbereiche des Feuers. Mit der Nutzung des Feuers wurde also ein wichtiger Grundstein zur Entwicklung und Zivilisation des Menschen gelegt.

Schon seit sehr langer Zeit kennen die Menschen diese Art des Feueranzündens: Dazu brauchst du einen unten angespitzten Holzstab und einen größeren Stein. Wenn man den Stab sehr schnell zwischen den Händen dreht, wird die Spitze durch die Reibung an dem Stein sehr heiß. Das feine Holzmehl beginnt zu glimmen. Damit kann man trockenes Gras oder Moos entzünden und ein Feuer entfachen.

GA

Aufgabe 1: *Bildet Gruppen zu 4-5 Personen. Bearbeitet gemeinsam die folgenden Aufgaben und haltet die Ergebnisse im Heft/Ordner fest.*

a) Zählt die nützlichen Eigenschaften des Feuers auf.

b) Feuer kann auch große Schäden anrichten.
Wovon habt ihr schon gehört? Berichtet.

c) Welche drei Dinge sind nötig, um ein Feuer zu entzünden?

Lernwerkstatt „Die Entwicklung des Menschen" – Bestell-Nr. 11 633

KOHL VERLAG Der Verlag mit dem Baum

VI. Höhlenmalerei und Hieroglyphen

Wie die Steinzeitmenschen malten ...

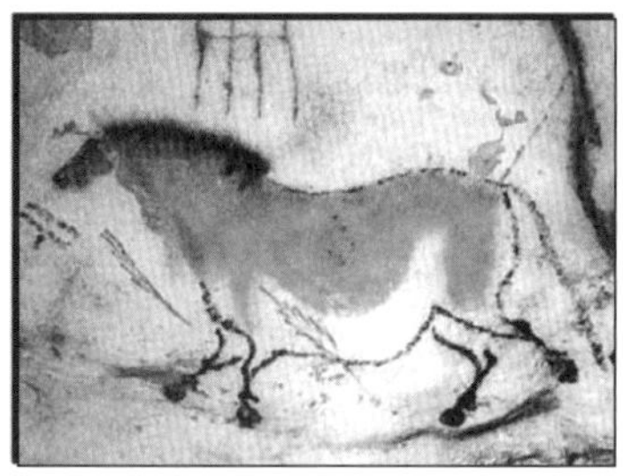

Ihr braucht:

- eine Pappe, etwa DIN A4 bis DIN A3
- eine alte Zeitung
- etwas Wasser, Mehl und Sand
- anstelle Mehl und Wasser kann man auch Kleister nehmen, am besten mit einem Teigschaber verteilen
- einen Farbkasten, Pinsel

So geht es:

- Nimm eine Zeitung als Unterlage und lege die Pappe darauf.
- Streiche etwas Wasser darauf, sodass eine dünne Schicht das Blatt bedeckt.
- Dann streust du Mehl auf die nasse Pappe. Spritze immer wieder mit einer Hand ein wenig Wasser auf das Mehl. Verreibe alles so lange, bis eine weiße, matschige Pampe entsteht.
- Vermische diesen Brei mit etwas Sand und lasse es gut trocknen. Erst wenn die Mehl-Sand-Schicht ganz fest ist, kannst du weitermachen. Habe etwas Geduld!
- Anstelle von Mehl und Wasser kannst du auch die Pappe großzügig mit Kleister bestreichen und darauf gleichmäßig den Sand streuen. Gut trocknen muss das auch!
- Mit Bleistift kann man vorsichtig den Umriss vormalen.
- Mit Rot, Gelb, verschiedenen Brauntönen und einem Borstenpinsel kannst du nun die verschiedenen Höhlenmalereien auftupfen. Nimm wenig Wasser, sonst verlaufen die Farben im Sand!

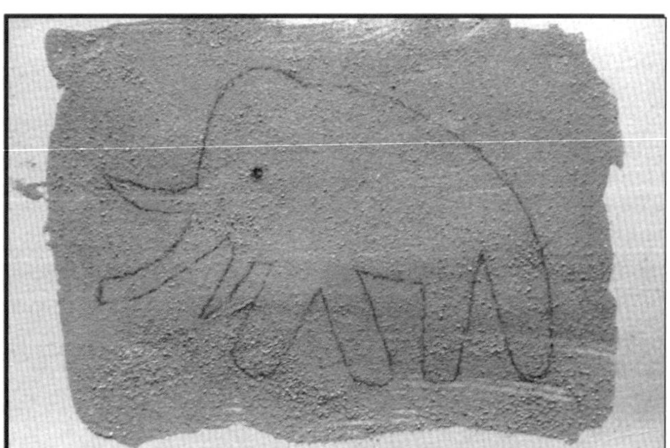

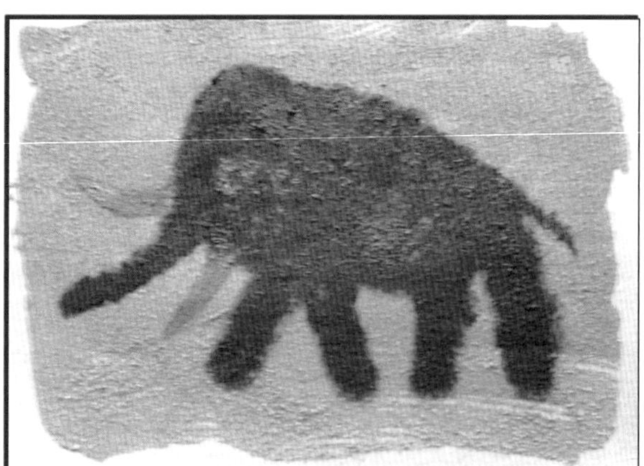

Lernwerkstatt „Die Entwicklung des Menschen" – Bestell-Nr. 11 633
KOHL VERLAG Der Verlag mit dem Baum

VI. Höhlenmalerei und Hieroglyphen

Die Schrift – Ägyptische Hieroglyphen

Einige Forscher glauben, dass es in China schon vor über 8000 Jahren eine Art Schrift gab. Vor fast 5000 Jahren gab es in Mesopotamien eine Keilschrift. Aus dieser Zeit sind auch die ägyptischen Schriftzeichen (Hieroglyphen) bekannt. Das hier sind nun nicht die Original-Hieroglyphen, aber sie sind ähnlich. Du siehst, wie viel Mühe sich die Menschen damals mit der Schrift gemacht haben!

A	B	C	D	E	F
G	H	I	J	K	L
M	N	O	P	Q	R
S	T	U, V, W	X	Y	Z

EA

Aufgabe 1: **a)** *Schreibe mit diesen Buchstaben deinen Namen.*

b) *Schreibe eine Botschaft an deinen Nachbarn. Tauscht und entziffert sie. Alles richtig?*

KOHL VERLAG Lernwerkstatt „Die Entwicklung des Menschen“ – Bestell-Nr. 11 633

VII. Mein Stammbaum

Da komme ich her ...

Nun hast du viel über die Herkunft der Menschen erfahren. Finde nun heraus, wer deine Vorfahren waren! Eltern, Großeltern, Urgroßeltern – welche Namen kennst du? Trage sie in den Stammbaum ein! Die freien Kreise unten kannst du für weitere Namen nutzen! Für jede Generation rechnet man etwa 25 Jahre zurück. So kannst du ungefähr die Geburtsjahre deiner Vorfahren berechnen.

Urgroßeltern etwa 1930	Großeltern etwa 1955	Eltern etwa 1980	Kinder etwa 2005

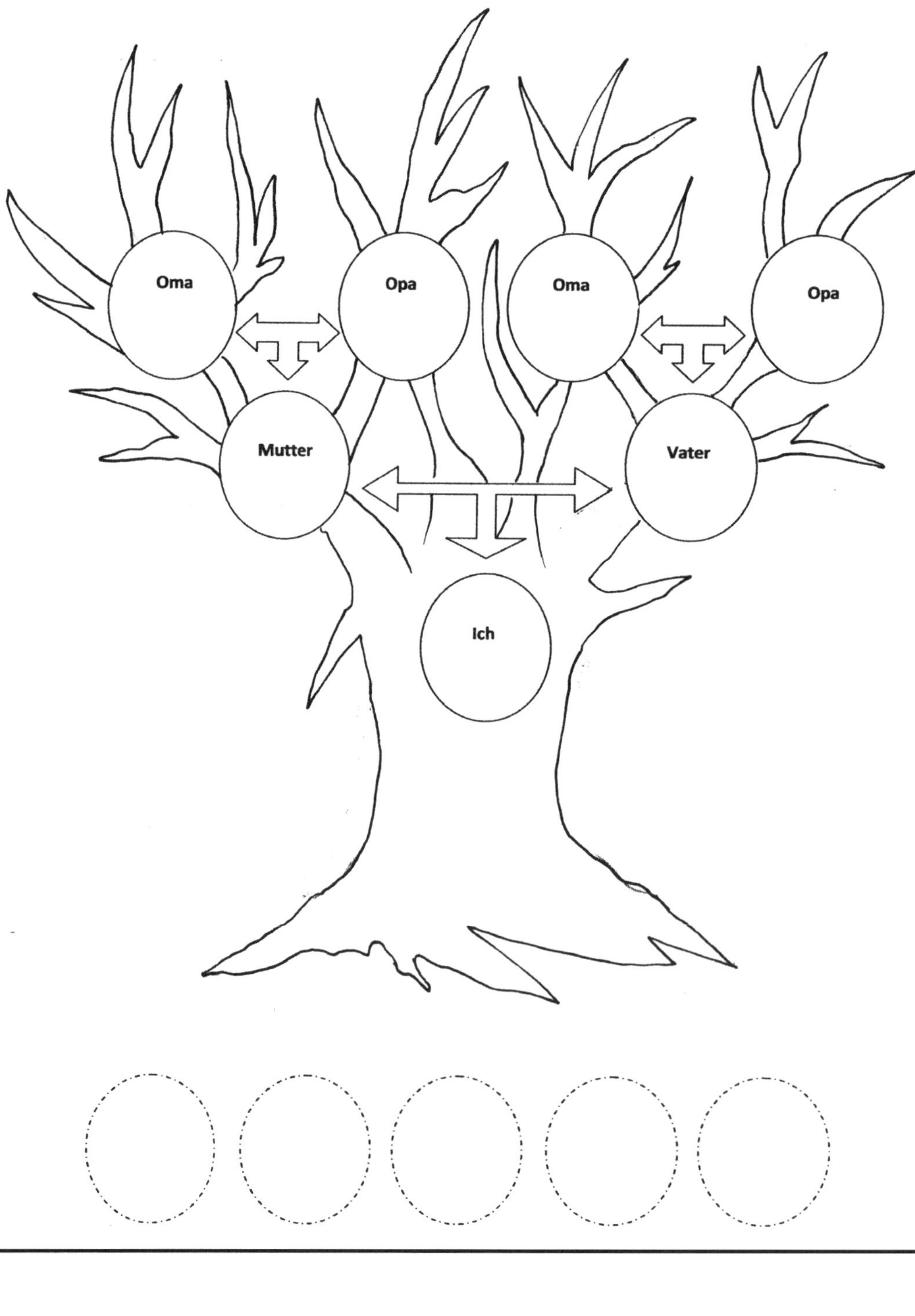

VIII. Die Zivilisation des Menschen

Das Wort „Zivilisation“ entstand aus dem lateinischen Wort „civis“, was „Bürger“ bedeutet. Es bezeichnet die verbesserten Lebensbedingungen des Menschen, die durch Wissenschaft und Technik erreicht wurden. Der Mensch entwickelte auch eine Kultur, die durch geistige Werte und Glauben bestimmt wird.

Der Mensch begann, Handel zu betreiben. Er tauschte erst Nahrung und Gegenstände, bis das erste Geld eingeführt wurde. Aus kleinen Siedlungen wurden Dörfer. Nach und nach entstanden größere Städte. Wichtig war auch die Erfindung der Schrift. Durch den Forscherdrang des Menschen entstanden Wissenschaften wie Astronomie und Mathematik. Schulen wurden gegründet, um dieses Wissen weiterzugeben.

Das Zusammenleben erforderte eine Leitung. Menschen erhielten Stellungen, um das Zusammenleben zu organisieren. Dies hatte Kämpfe um Macht, Geld und Ruhm zur Folge. Die Völker begannen, Krieg zu führen.

Der Mensch entwickelte sich laufend weiter. Vieles wurde entdeckt und erfunden. Leider richtete und richtet er aber auch viel Unheil und Zerstörung an.

Die körperlichen Fähigkeiten der Menschen sind schon seit langer Zeit gut entwickelt. Doch die geistige und kulturelle Entwicklung ist „noch im Bau“. Trotz unzähliger Erfindungen wie Buchdruck, Telefon, Flugzeug, Auto, Fernsehen und Internet ist es den Menschen noch nicht gelungen, friedlich miteinander zu leben.

Aufgabe 1: *Beantworte die folgenden Fragen in vollständigen Sätzen. Schreibe in dein Heft/in deinen Ordner.*

a) Was sind für dich die wichtigsten Fortschritte und Erfindungen des Menschen? Zähle auf und begründe deine Antworten.

b) Wohin wird die Entwicklung des Menschen uns noch führen? Was denkst du?

c) Was will das folgende Bild ausdrücken? Erkläre!

KOHL VERLAG Der Verlag mit dem Baum
Lernwerkstatt „Die Entwicklung des Menschen“ – Bestell-Nr. 11 633

IX. Die Lösungen

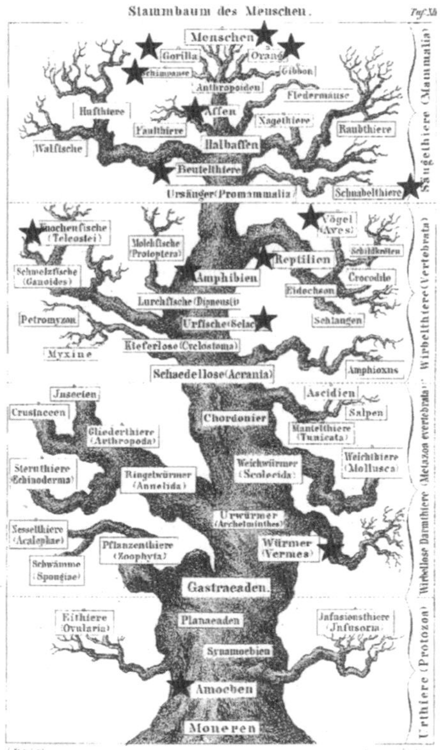

6. Lösung siehe rechts.

7. Von links nach rechts: Orang Utan, Gorilla, Schimpanse, Mensch

Unterschiede: Menschen haben einen längeren Daumen und eine kürzere Handfläche.

So können wir besser zugreifen.

8. Der Nobelpreis wurde vom schwedischen Industriellen und Chemiker A. Nobel gestiftet. Der Preis in Form von Geld wird jährlich für hervorragende kulturelle, wissenschaftliche Leistungen auf verschiedenen Gebieten verliehen.

9. Gene sind unser Erbmaterial, im DNA Molekül (Teilchen) sind sie gespeichert. Mutationen sind Veränderungen der Erbanlagen. Evolution ist die Entwicklung eines Lebewesens, wobei sich die Erbanlagen verändern.

10.

	G			T						C					F				
K	A	P	V	E	R	D	I	S	C	H	E	I	N	S	E	L	N		
	L			N						I					U		E		
	A			E	B	R	A	S	I	L	I	E	N		E		U		
	P			R						E					R		S		
	A			I											L		E		
	G			F										T	A	H	I	T	I
	O			F											N		L		
	S			A	R	G	E	N	T	I	N	I	E	N	D		A		
								A	U	S	T	R	A	L	I	E	N		
																	D		

11.

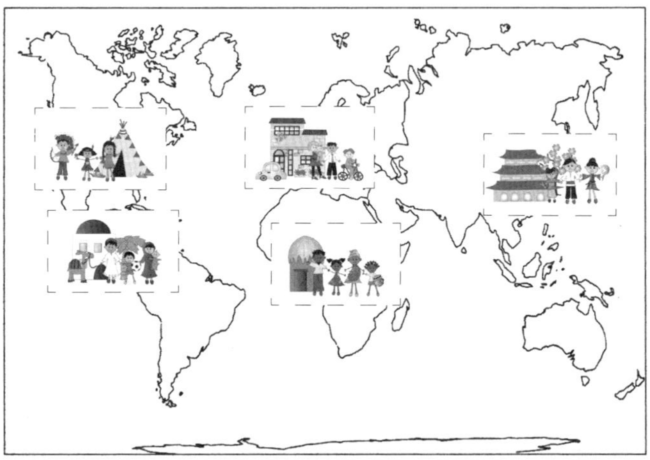

VIII. Die Zivilisation des Menschen

Das Wort „Zivilisation“ entstand aus dem lateinischen Wort „civis“, was „Bürger“ bedeutet. Es bezeichnet die verbesserten Lebensbedingungen des Menschen, die durch Wissenschaft und Technik erreicht wurden. Der Mensch entwickelte auch eine Kultur, die durch geistige Werte und Glauben bestimmt wird.

Der Mensch begann, Handel zu betreiben. Er tauschte erst Nahrung und Gegenstände, bis das erste Geld eingeführt wurde. Aus kleinen Siedlungen wurden Dörfer. Nach und nach entstanden größere Städte. Wichtig war auch die Erfindung der Schrift. Durch den Forscherdrang des Menschen entstanden Wissenschaften wie Astronomie und Mathematik. Schulen wurden gegründet, um dieses Wissen weiterzugeben.

Das Zusammenleben erforderte eine Leitung. Menschen erhielten Stellungen, um das Zusammenleben zu organisieren. Dies hatte Kämpfe um Macht, Geld und Ruhm zur Folge. Die Völker begannen, Krieg zu führen.

Der Mensch entwickelte sich laufend weiter. Vieles wurde entdeckt und erfunden. Leider richtete und richtet er aber auch viel Unheil und Zerstörung an.

Die körperlichen Fähigkeiten der Menschen sind schon seit langer Zeit gut entwickelt. Doch die geistige und kulturelle Entwicklung ist „noch im Bau“. Trotz unzähliger Erfindungen wie Buchdruck, Telefon, Flugzeug, Auto, Fernsehen und Internet ist es den Menschen noch nicht gelungen, friedlich miteinander zu leben.

EA

Aufgabe 1: *Beantworte die folgenden Fragen in vollständigen Sätzen. Schreibe in dein Heft/in deinen Ordner.*

a) Was sind für dich die wichtigsten Fortschritte und Erfindungen des Menschen? Zähle auf und begründe deine Antworten.

b) Wohin wird die Entwicklung des Menschen uns noch führen? Was denkst du?

c) Was will das folgende Bild ausdrücken? Erkläre!

KOHL VERLAG Der Verlag mit dem Baum
Lernwerkstatt „Die Entwicklung des Menschen“ – Bestell-Nr. 11 633

VIII. Die Zivilisation des Menschen

Das Quartär (Eiszeitalter)

Das Quartär ist die jüngste Epoche der Erdgeschichte *(siehe Seite 6)*. Es begann vor etwa 2,6 Millionen Jahren und dauert bis in die Gegenwart an. Das gegenwärtige Eiszeitalter wird in der Fachsprache als Quartär bezeichnet und in das Pleistozän (das eigentliche Eiszeitalter) und das Holozän (die Nacheiszeit) untergliedert. Es ist die jüngste Phase des Känozoikums, der Erdneuzeit. Hier nochmal ein Überblick:

Erdneuzeit (Känozoikum)	vor 65 Mio. Jahren bis heute	erste Wale, Hunde und Katzen, Urpferd
Altsteinzeit	vor ca. 4 Mio Jahren vor ca. 2,5 Mio Jahren vor 130 000 Jahren	erste Affen, Menschenaffen erste Menschen, Mammut Cro-Magnon Mensch Neandertaler
Mittelsteinzeit	9 500 – 5 500 v. Chr.	erste Boote und Karren
Jungsteinzeit	vor 10 000 Jahren seit 10 000 Jahren seit 5 000 Jahren	Ende der letzten Eiszeit Ackerbau und Viehzucht im Vorderen Orient Ackerbau und Viehzucht in Europa – Neolithische Revolution
Bronzezeit	seit 5 000 Jahren – etwa 2000 Jahre v. Chr.	Werkzeuge und Waffen aus Metall, Berufe entwickeln sich
Eisenzeit	etwa 800 Jahre v. Chr. – etwa 100 v. Chr.	die Kelten breiten sich in Europa aus

Man teilt die Erdgeschichte grob in vier Zeitträume ein: Vor- und Frühgeschichte, Antike, Mittelalter, und Neuzeit. Die Antike (auch Altertum genannt) löste die Frühgeschichte ca. 3500 vor Christus ab und endete im 6. Jahrhundert nach Christus. Zu Beginn dieser Zeit entstanden auch die ersten Hochkulturen:

Ägypter	Die Ägypter, die mit ihren Hieroglyphen eine der ersten Schriften hatten. Sie erschufen auch die weltbekannten Pyramiden.
Griechen	Die Griechen hatten ihre beste Zeit um 1500 – 500 vor Christus. Unter ihnen gab es viele Wissenschaftler und Philosophen, die uns heute noch bekannt sind.
Römer	Ab etwa 500 v. Chr. begannen die Römer den Mittelmeerraum zu beherrschen. Mit dem Zerfall des Römischen Reiches und der großen Völkerwanderung in Europa ging das Altertum zu Ende.
Mittelalter	Das Mittelalter ist die Epoche zwischen der Antike und der Neuzeit. Sie dauerte vom 6. bis zum 15. Jahrhundert.
Neuzeit	Die Neuzeit begann im 15.Jahrhundert. Die Entdeckung Amerikas (1492) und die Erfindung des Buchdrucks läuteten eine neue Zeit ein.

KOHL VERLAG Der Verlag mit dem Baum
Lernwerkstatt „Die Entwicklung des Menschen" – Bestell-Nr. 11 633

IX. Die Lösungen

I. Die Schöpfungsgeschichte der Bibel

1.

1. Tag
Licht,
Tag und Nacht

2. Tag
Himmel
und Erde

3. Tag
Land
und Wasser

4. Tag
Sonne, Mond
und Sterne

5. Tag
Fische
und Vögel

6. Tag
Landtiere
und Menschen

7. Tag
Gott ruhte am
7. Tag

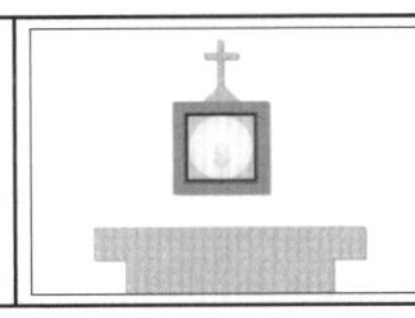

2.

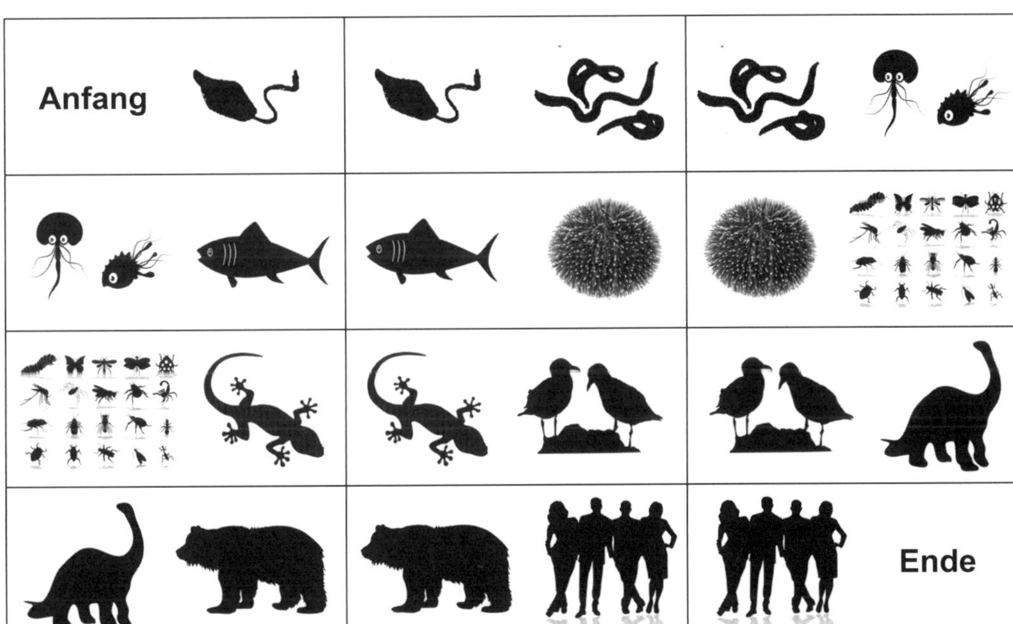

3. Eier legende Säugetiere: Ameisenigel, Schnabeltier
Beuteltiere: Koala, Känguru
Echte Säugetiere: Maus, Eichhörnchen, Hirsch

4. **a)** Schimpanse; **b)** Orang Utan; **c)** Gorilla

5. Die richtige Reihenfolge: D, C, A, E, G, H, F, J, I, B

KOHL VERLAG Der Verlag mit dem Baum
Lernwerkstatt „Die Entwicklung des Menschen“ – Bestell-Nr. 11 633

IX. Die Lösungen

6. Lösung siehe rechts.

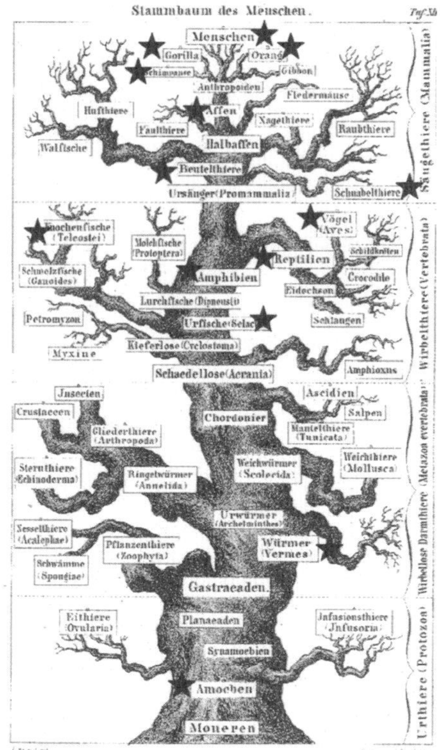

7. <u>Von links nach rechts</u>: Orang Utan, Gorilla, Schimpanse, Mensch

<u>Unterschiede</u>: Menschen haben einen längeren Daumen und eine kürzere Handfläche.

So können wir besser zugreifen.

8. Der Nobelpreis wurde vom schwedischen Industriellen und Chemiker A. Nobel gestiftet. Der Preis in Form von Geld wird jährlich für hervorragende kulturelle, wissenschaftliche Leistungen auf verschiedenen Gebieten verliehen.

9. Gene sind unser Erbmaterial, im DNA Molekül (Teilchen) sind sie gespeichert. Mutationen sind Veränderungen der Erbanlagen. Evolution ist die Entwicklung eines Lebewesens, wobei sich die Erbanlagen verändern.

10.

	G			T						C					F				
K	A	P	V	E	R	D	I	S	C	H	E	I	N	S	E	L	N		
	L			N						I					U		E		
	A			E	B	R	A	S	I	L	I	E	N		E		U		
	P			R						E					R		S		
	A			I											L		E		
	G			F										T	A	H	I	T	I
	O			F											N		L		
	S			A	R	G	E	N	T	I	N	I	E	N	D		A		
								A	U	S	T	R	A	L	I	E	N		
																	D		

11.

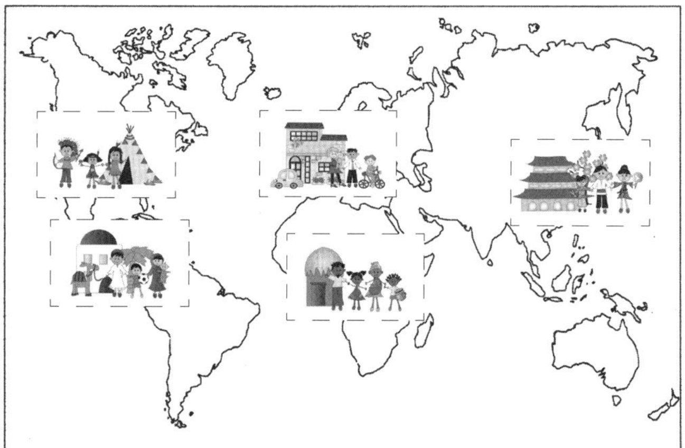

KOHL VERLAG Der Verlag mit dem Baum
Lernwerkstatt „Die Entwicklung des Menschen“ – Bestell-Nr. 11 633

IX. Die Lösungen

12.

Wirbeltierklassen	Merkmale	Welche Tiere kennst du?
Säugetiere	• säugen ihre Jungen • haben meist ein Fell • haben zwei Augen	Affen, Hunde, Katzen…
Vögel	• haben Federn • können meist fliegen • legen Eier	Spatz, Huhn, Adler…
Kriechtiere/ Reptilien	• leben meist an Land • Schuppenhaut/Panzer • legen Eier	Schlangen, Krokodile
Lurche/ Amphibien	• leben an Land und im Wasser • legen Eier	Frosch, Kröte
Fische	• leben im Wasser • haben Kiemen • besitzen Flossen	Hering, Goldfisch, Hai

Die Menschen sind bei den Säugetieren einzuordnen.

II. Die Entwicklung des Menschen

1. **a)**

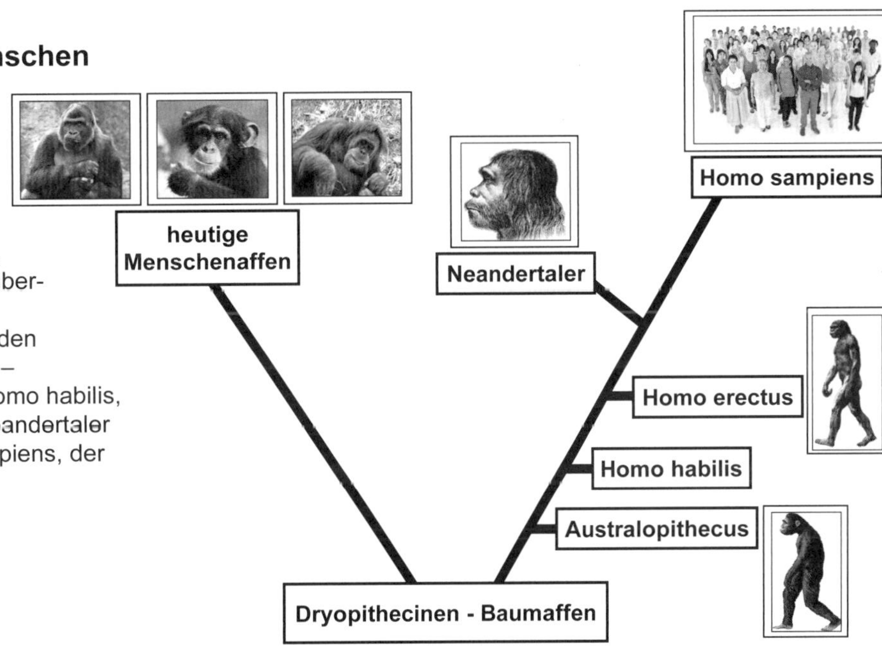

b) Gemeinsame Vorfahren von Menschen und Affen waren die Dryopithecinen, was man mit Baumaffen übersetzen kann. Die ersten Menschen wurden Australopithecus genannt – Südaffe. Es folgten der Homo habilis, der Homo erectus, der Neandertaler und der Homo sapiens sapiens, der heutige Mensch.

2. Individuelle Lösungen.

3. Das Skelett des Affen kommt Lucys kompletten Knochengerüst nahe.

4.

IX. Die Lösungen

5. In der Savanne Afrikas leben Großtiere, z.B. Zebras, Giraffen, Antilopen, Gazellen und Wasserbüffel, Elefanten sowie Raubtiere wie Löwen, Hyänen, Geparden und der Vogel Strauß.

6. Er konnte Steinwerkzeuge herstellen und lernte, das Feuer zu nutzen.

7. Der Homo erectus gilt als direkter Vorfahre des Menschen. Er verließ als erster Afrika und besiedelte Europa und Asien. Er bewohnte Höhlen und stellte Werkzeuge her. Damit ging er auf die Jagd. Ganz wichtig war die Nutzung des Feuers. So konnte man das Fleisch garen, sich wärmen und Tiere und Insekten fernhalten.

8. Zur Zeit der Neandertaler waren die Dinosaurier schon längst ausgestorben!

9.

				W	**I**	**L**	D	P	F	E	R	D	E		
					H	**Ö**	H	L	E	N	B	Ä	R	E	N
					M	**A**	M	M	U	T	S				
				R	**E**	**N**	T	I	E	R	E				
W	**O**	**L**	**L**	**N**	**A**	**S**	H	Ö	R	N	E	R			

10. Die Männer gingen mit ihren Speeren auf die Jagd. Sie schlichen sich dann an eine Herde (z.B. Mammuts) an und schleuderten ihre Speere auf sie. Die Frauen sammelten Beeren, Kräuter, Nüsse und Samen. Dabei blieben sie stets in Nähe der Höhle, um auf das Feuer zu achten und sich um die Kinder zu kümmern.

12. <u>Bericht</u>: Der Ötzi wurde ermordet! Er hatte eine Pfeilspitze in der Schulter, es wurde auf ihn geschossen. Auf seiner Kleidung fand sich Blut von anderen Leuten. Ötzi hatte auch gebrochene Rippen und Prellungen (blaue Flecken). Er hatte Getreide und Feuersteine dabei, so wollte er wohl länger bleiben. Doch was trieb ihn in die Berge? War er auf der Flucht? Wurde er verfolgt? Wer hat ihn umgebracht?

13. a)

3 **Homo erectus (Frühmensch)**
Der Frühmensch wurde bereits 1,65 m groß. Er konnte Faustkeile herstellen und entdeckte das Feuer. Weil der Frühmensch aufrecht gehen konnte erhielt er den Namen Homo erectus, aufrechtgehender Mensch.

5 **Homo sapiens sapiens (Jetztmensch)**
Alle heute lebenden Menschen stammen vom Homo sapiens sapiens ab. Er wurde 1,60 – 1,85 m groß. Im Vergleich zum Neandertaler erschuf er nicht nur Werkzeuge, sondern auch Kunstwerke, wie die Höhlenmalereien zeigen.

1 **Australopithecus (Vormensch)**
Der Vormensch wurde 1,10-1,50 m groß. Seine Haltung war gebückt und der eines Affen noch sehr ähnlich. Werkzeuge konnte der Vormensch noch nicht herstellen.

2 **Homo habilis (Geschickter Mensch)**
Der Homo habilis wurde im Durchschnitt 1,45 m groß. Weil er in der Lage war, einfach Werkzeuge herzustellen wurde er Homo habilis, geschickter Mensch genannt.

4 **Homo sapiens (Neandertaler)**
Der Neandertaler ist ein Vertreter der Gattung Homo sapiens. Er wurde bis zu 1,80 groß und konnte vielfältige Werkzeuge herstellen.

b)

Australopithecus	Homo habilis	Homo erectus	Homo sapiens (Neandertaler)	Homo sapiens sapiens (Jetztmensch)

IX. Die Lösungen

III. Entwicklungsepochen der Menschheit

1. Steinzeit 2,6 Mio Jahre – 2 200 v. Chr.
- Altsteinzeit 2,6 Mio – 9 500 v. Chr.
- Mittelsteinzeit 9 500 – 5 500 v. Chr.
- Jungsteinzeit 5 500 – 2 200 v. Chr.

Bronzezeit 2 200 – 800 v. Chr.

Eisenzeit 800 – ca. 100 v. Chr.

2. Die Tuareg in der Sahara, weiter die Buschmänner in der Kalahari (Wüste in Süd Afrika), in der Mongolei und in Kirgisien gibt es auch noch Nomaden. Die Lappen in Nordeuropa werden mittlerweile überwiegend sesshaft, aber auch dort leben noch einige ein Nomadendasein.

4. Die Menschen aßen: Früchte, Samen, Wurzeln, auch Pilze, Honig, Eier, Fleisch und Fisch.
Nicht auf dem „Speisezettel" eines Steinzeitmenschen: Pommes, Hamburger, Pizza, Jogurt, Brot

5. **a)** Die Menschen nutzten Karren auf den Wegen und Einbaum oder Fellboot auf den Flüssen.
b) Ein Fellboot besteht aus einem Gerüst aus Knochen oder Holz. Das wird dann mit Fellen bespannt.

6. Individuelle Lösungen.

7. Das Mädchen findet auf seinem Weg 10 Nüsse.

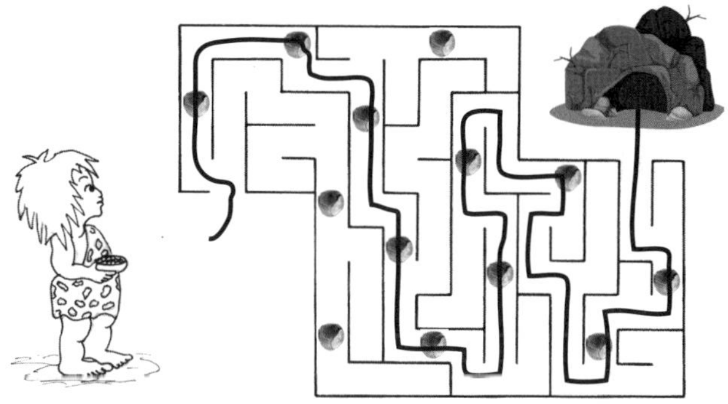

8.

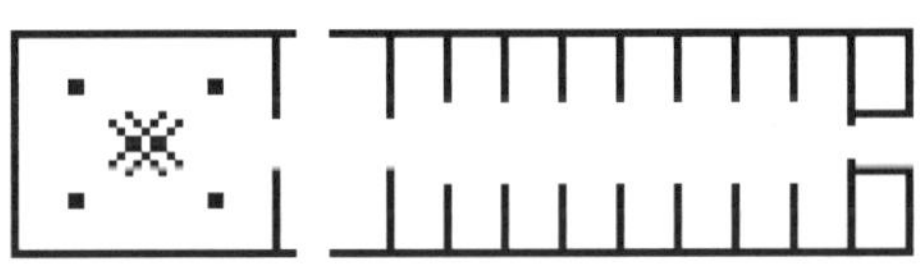

9. Von links nach rechts: Gerste, Emmer, Einkorn

10. Weizen, Rogen, Gerste, Hafer, Mais, Reis, Hirse

12. Sie ernährten sich hauptsächlich von Ackerbau und Viehzucht. Sie bauten Getreide, Obst und Gemüse an. Dadurch mussten sie nicht mehr jeden Tag von neuem um Nahrung und Überleben kämpfen. Sie bauten Holzhäuser und schliefen auf einem Strohlager.

13. Vielleicht haben sie Fangen und Verstecken gespielt, oder auch mit kleinen Steinen auf ein Ziel geworfen ... Vielleicht hatten sie auch einen Ball aus Leder.

14. Bestimmt haben die Kinder ihren Müttern beim Sammeln von Beeren und Früchten geholfen, vielleicht mussten sie auch Wasser von Quelle oder Bach holen.

15.
- Der Sammler sammelte Beeren, Früchte, Nüsse und Wurzeln.
- Der Jäger sorgte für Wildfleisch.
- Der Hirte hütete die Tiere wie Schafe und Ziegen.
- Der Viehzüchter kümmerte sich um die Haustiere.
- Der Bauer baute Getreide und Gemüse an.
- Der Werkzeughersteller machte Kessel, Töpfe und Waffen.
- Der Töpfer stellte Ton- und Keramikgefäße her.
- Der Händler kaufte und verkaufte Waren.

16. Die Waffen veränderten sich vom einfachen Holzstab über die Keule, Speere, Pfeil und Bogen, Schwerter, Flinten und einfache Gewehre zum Sturmgewehr.

IX. Die Lösungen

IV. Werkzeuge und Waffen aus der Steinzeit

1. **a)** Schaber dienten zum Schneiden und z.B. zum Felle abschaben. Oft wurde damit auch Holz bearbeitet.
   b) Mikrolithen waren kleine Steinwerkzeuge.
   c) Die wichtigsten Waffen für die Jagd waren Pfeil und Bogen.
   d) Speerspitzen wurden aus Geweih und Knochen hergestellt.

2. Der einfache Faustkeil diente z. B. zum Öffnen von Nüssen. Mit der Keule wurde sicher manches wilde Tier erschlagen. Mit dem Schaber säuberte man das Fell der erlegten Tiere von Fleischresten und bearbeitete Holz. Die Mikrolithen dienten als Speerspitzen. Pfeil und Bogen wurden auf der Jagd verwendet.

3. Lösungswortt Knochen

						K	E	U	L	E				
P	F	E	I	L	U	N	D	B	O	G	E	N		
		M	I	K	R	O	L	I	T	H				
					S	C	H	A	B	E	R			
						H	O	L	Z	S	T	I	E	L
			S	P	E	E	R							
				L	A	N	Z	E						

4.

Mammut **Wollnashorn** **Höhlenbär** **Rentier**

V. Das Feuer

1. **a)** Feuer spendete Licht und Wärme. Es bot zugleich Schutz vor Raubtieren und Insekten. Feuer kochte ihre Speisen. Im Dunkeln konnten sie sich mit Hilfe einer Flamme besser zurechtfinden.
   b) Waldbrände, Häuser können abbrennen, Menschen können bei einem Brand schwer verletzt oder getötet werden. Auch durch den Rauch können Menschen und Tiere vergiftet werden.
   c) Man braucht Brennstoff, Hitze und Luft (Sauerstoff).

VIII. Die Zivilisation des Menschen

1. **a) - c)** Individuelle Lösungen

KOHL VERLAG Der Verlag mit dem Baum
Lernwerkstatt „Die Entwicklung des Menschen“ – Bestell-Nr. 11 633

Bildquellen

Seite 5	© Xavier - fotolia.com
Seite 6	© Falko Matte - fotolia.com
Seite 7	© Kamiya Ichiro, r0mu, Michal Eyal, carlosgardel, iko & Alexandr79 - fotolia.com
Seite 8	© Warren Millar, npsmac, mirabile, visualpix, kebay, mumindurmaz35, koft, AlienCat & Yang MingQi - fotolia.com
	© wikimedia.com - Autor: Pearson Scott Foresman, alatus, Richy Black & holdfast
Seite 9	© Warren Millar, npsmac, mirabile, kebay, mumindurmaz35, Dimitar Marinov, koft & Yang MingQi - fotolia.com
Seite 10	© Marcel Schauer, AlienCat, blueringmedia & markus6318 - fotolia.com
	© wikimedia - Autor: Kabir Bakie
Seite 11	© Yang MingQi, npsmac, kebay, Dimitar Marinov & mirabile - fotolia.com
Seite 13	© Matthew Cole - fotolia.com
Seite 15	© Fredy Sujono, Bobb Klissourski & Bellona Ahilia - fotolia.com
Seite 16	© casaltamoiola & Juulijs - fotolia.com
Seite 17	© casaltamoiola - fotolia.com
Seite 19	© Marcel Schauer, Rawpixel & markus6318 - fotolia.com
	© chimpmania.com (homo erectus)
	© wikimedia - Autor: Kabir Bakie
Seite 21	© wikimedia.org - Autor: Ephraim33
Seite 22	© barbulat - fotolia.com
	© wikimedia.org - Autor: Rafaelamonteiro80 & TUBS
Seite 23	© Matthew Cole - fotolia.com
	© wikimedia.org - Autor: Rafaelamonteiro80
Seite 24	© Michael Rosskothen - fotolia.com
Seite 25	© Kamiya Ichiro & Marina - fotolia.com
Seite 26	© Wikipedia Urheber Peter80 Quelle: seilko
Seite 27	© Edith Czech - fotolia.com
	© wikimedia.org - Autor: 120
Seite 28	© Xavier - fotolia.com
Seite 29	© Bobb Klissourski - fotolia.com
Seite 30	© Jurgita Mozuraite - fotolia.com
Seite 31	© SChlierner, Inga Nielsen, Kletr, rvlsoft, rdnzl, womue, SM Web, volff, leungchopan, sveta, v voe, Scisetti Alfio, geografika, Joe Cough, svetamart, Andrey Starostin, valery121283, dule964, Coprid, Zakharov Evgeniy & akulamatiau - fotolia.com
Seite 32	© fotonaj, vege & freehandz - fotolia.com
	© wikimedia.org - Autor: Юрий Рудницкий.jpg
Seite 33	© Wichittra Srisunon & ueuaphoto - fotolia.com
Seite 34	© Wichittra Srisunon - fotolia.com
	© wikimedia.org - Autor: Grugerio
Seite 35	© Janine Fretz Weber, Schlierner & photocrew - fotolia.com
Seite 36	© ArTo - fotolia.com
	© wikimedia.org - Autor: Neozoon
Seite 37	© wikimedia.org - Autor: Einsamer Schuetze
Seite 38	© wikimedia.org - Autor: Peter van der Sluijs
Seite 39	© Erica Guilane-Nachez - fotolia.com
Seite 40	© wikimedia.org - Autor: Goldi64
Seite 41	© Erica Guilane-Nachez, JPS & OlesiaRu - fotolia.com
Seite 42	© draganm, Dimitar Marinov, frilled_dragon, barbulat & visualpix - fotolia.com
Seite 43	© Lorelyn Medina & Lucky Dragon - fotolia.com
Seite 45	© wikimedia.org - Autor: Bronzo
Seite 47	© panco & JiSign - fotolia.com
Seite 48	© goce risteski - fotolia.com
Seite 49	© Warren Millar, Yang MingQi, npsmac, mirabile, kebay, mumindurmaz35, Alexandr79, Dimitar Marinov, r0mu, Michal Eyal, carlosgardel, koft, iko & Kamiya Ichiro - fotolia.com
Seite 51	© Marcel Schauer, casaltamoiola, Rawpixel & markus6318 - fotolia.com
	© chimpmania.com (homo erectus)
	© wikimedia - Autor: Kabir Bakie
Seite 52	© Wichittra Srisunon, ueuaphoto & Xavier - fotolia.com
Seite 54	© visualpix, frilled_dragon, draganm & Dimitar Marinov - fotolia.com
	© Hallenhaustyp com. wikimedia org Ulamm

Rund um die Menschen

Hilfe! Es brennt! Richtiges Verhalten bei Fe

Inhalt: *Geschichte der Feuerbekämpfung; Wenn es brennt (L gerfeuer, Brandrauch, Großbrand ...); Entstehung des Feue löschwesens; Ausrüstung & Aufgaben der Feuerwehr (Ausrüstu des Feuerwehrmanns, Rettung mit der Drehleiter ...); Gefahr vor, während und nach Bränden (Grillunfälle, Gefahrenquellen .. Freiwillige Feuerwehr; Rund ums Feuer u.v.m.*

Buch	Nr. 11 068	16,80 €
PDF	Nr. P11 068	13,49 €

64 — ab 3. Klass

Scheidungskinder Wenn eine Familie zerbricht

Inhalt: *Scheidungskinder; Familienformen und ihre Bedeutung für Kinder (Alleinerziehende, Patchwork, Waisenkinder, Singles ...); Probleme in Beziehungen - Konsequenzen für Kinder; Das ist meine Familie; Meine wichtigsten Menschen; Das Familien-Mobile; Familien-Memory; Kreuzworträtsel: Meine Familie; Wie sieht ein Tag in deiner Familie aus? u.v.m.*

Buch	Nr. 11 238	14,80 €
PDF	Nr. P11 238	11,99 €

48 — ab 4. Klasse

Feuerlöscher Brandschutz in der Schule

Wie können Brände verhindert bzw. gelöscht werden? Funkti und Einsatz des Feuerlöschers u.v.m.

Inhalt: *Feuerlöscher; Geschichte des Feuerlöschers; Bestandte eines Feuerlöschers; Der richtige Feuerlöscher (je nach Branc Korrekte Bedienung eines Feuerlöschers u.v.m.*

Buch	Nr. 11 470	17,80 €
PDF	Nr. P11 470	14,49 €

72 — ab 3. Klass

Sexualerziehung in der Grundschule

Inhalt: *Mädchen und Jungen, Männer und Frauen (Geschlechtsrollen, Geschlechtsorgane, Typische Mann/Frau ...); Freundschaft, Liebe, Partnerschaft (Verliebt, Vertrauen, Miteinander schlafen; Schütze dich!); Die Pubertät; Von zwei winzigen Zellen zum niedlichen Säugling (Ein Kind entsteht, Geburt ...); Kinder haben Rechte; Mein Buch zur Sexualität u.v.m.*

Buch	Nr. 10 853	15,80 €
PDF	Nr. P10 853	12,49 €

52 — ab 2. Klasse

Unser Körper

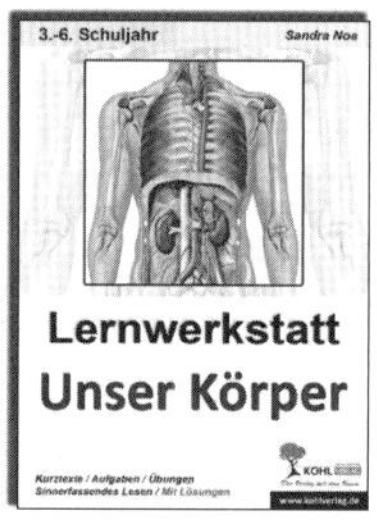

Inhalt: *Mein Körper (Körperteile, Skelett, Zähne ...); So bin i entstanden (Fortpflanzung, Embryo im Mutterleib, Baby, Zelle Haare ...); So funktioniert mein Körper (Gehirn, Herz und Bl kreislauf, Lunge und Atmung, Muskeln, Verdauung); Sinne (S hen, Brille, Hören, Schmecken, Riechen, Fühlen ...); Gesundh (Immunsystem, Blutkörperchen, Bewegung, Erste Hilfe) u.v.m.*

Buch	Nr. 10 729	15,80 €
PDF	Nr. P10 729	12,49 €

52 — ab 3. Klass

Gesundheit Gesund leben – gesund bleiben

Inhalt: *Was gehört zur Gesundheit?; Krank sein - was ist das?; Mikroben, Kinderkrankheiten, Allergien; Hygiene und Sauberkeit, Händewaschen, Kopfläuse; Gesundheit rund um die Schule (Schulstress, Prüfungsangst, Mobbing ...); Schlaf; Nahrung; Nahrungspyramide u.v.m.*

Buch	Nr. 11 353	16,80 €
PDF	Nr. P11 353	13,49 €

64 — ab 3. Klasse

Unsere Zähne Richtige Zahnpflege ist wicht

Inhalt: *Milchgebiss; Woraus ein Zahn besteht; Aufbau der Zähn Das machen Zähne; Kleiner Milchzahn; Zähne putzen; Wie fühle sich deine Zähne; Zahnpasta, Ka und Ries greifen an; Was möge Zähne?; Gesunde Lebensmittel; Gesunde Zähne; Zahnpfleg Beim Zahnarzt; Zähne versiegeln; Wackelzähne; Zahn-Memor Zahn-Kreuzworträtsel; Zahn-Gedichte u.v.m.*

Buch	Nr. 11 239	14,80 €
PDF	Nr. P11 239	11,99 €

48 — ab 1. Klasse

Grundlagen unserer Ernährung

Inhalt: *Eiweiß; Fett; Kohlenhydrate; Vitamine; Wasser & Ballaststoffe; Worin die Stoffe vorkommen; Wozu wir die Stoffe benötigen und was im Körper geschieht; Was, wenn es zur Unterversorgung kommt?; Mit praktischer Nährstoffscheibe als Bastelvorlage u.v.m.*

Buch	Nr. 10 747	15,80 €
PDF	Nr. P10 747	12,49 €

56 — ab 4. Klasse

Ernährung in der Schule

Inhalt: *Gemeinsam essen; Tischsitten; Obst & Gemüse; Wass und andere Getränke; Gesundes Pausenbrot; Ernährung in ve schiedenen Kulturen; Ernährung macht stark!; Gesunde Ernä rung; Vegetarier; Veganer; Nahrung und Sinne; Naturprodukt je nach Region; Berufe rund um unsere Nahrung; Ernährung i Wandel der Zeit u.v.m.*

Buch	Nr. 11 499	16,80 €
PDF	Nr. P11 499	13,49 €

64 — ab 3. Klasse

Ernährung im Alltag

Inhalt: *Daraus besteht mein Körper; Wann sind wir leistungsfähig und wie bleiben wir es?; Was macht unser Körper mit den Lebensmitteln?; Zubereitungstechniken; Die Garungsarten; Inhaltsstoffe unserer Nahrung; Mit Nährstoffscheibe als Bastelvorlage u.v.m.*

Buch	Nr. 10 820	15,80 €
PDF	Nr. P10 820	12,49 €

64 — ab 4. Klasse

Die Entwicklung des Menschen

Inhalt: *Man kann der Entwicklung der Menschheit einen religiöse Hintergrund geben „am 6. Tag schuf Gott den Menschen" oder sic Darwins Evolutionstheorie anschließen „der Mensch stammt vo Affen ab". Auf jeden Fall gibt es viele interessante Stationen in de Entwicklung vom Urmenschen bis zum heutigen Homo sapiens z entdecken.*

Buch	Nr. 11 633	15,80 €
PDF	Nr. P11 633	12,49 €

56 — ab 2. Klasse

Naturwissen der Kelten

Inhalt: *Schüler entschlüsseln alte keltische Schriftzeichen, lernen so ihren persönlichen Lebensbaum kennen und lauschen alten Baumgeschichten. Sie erfahren Wissenswertes über die verschiedenen Bäume. Einzelne Baumseiten eignen sich hervorragend für eine Freiarbeitstheke oder zum Stationenlernen. Ein kurzer Überblick über das Ende der Kelten rundet das Gesamtbild ab.*

Buch	Nr. 11 630	15,80 €
PDF	Nr. P11 630	12,49 €

56 — ab 3. Klasse

Viele Kulturen – eine Welt

Inhalt: *Große Kulturen vor vielen 1000 Jahren prägten die En wicklung der Menschheit. Ägypter, Römer, Griechen, Chinese haben neben anderen Anteil an den Fortschritten, die der Mensc seit seiner Existenz gemacht hat. Dabei geht es um die sachliche materielle, geistige und kulturelle Entwicklung. In unserer globale Umgebung heute ist von jeder Kultur ein wenig vorhanden ...*

Buch	Nr. 11 631	14,80 €
PDF	Nr. P11 631	11,99 €

48 — ab 2. Klasse